XINYIDAI ZHINENG BIANDIANZHAN
YUNWEI JIANXIU JISHU

新一代智能变电站运维检修技术

国网湖南省电力公司株洲供电分公司 组编

中国电力出版社
CHINA ELECTRIC POWER PRESS

内 容 提 要

本书以国网湖南省电力公司株洲供电分公司两座新一代智能变电站：220kV 杉树变电站和 110kV 君山变电站运检技术的应用为主线，系统地介绍了新一代智能变电站运行维护及检修技术，对智能变电站建设、改造工程及运行维护等方面具有较大的参考价值。

全书共分 6 章，包括概述、智能一次设备技术、网络二次设备技术、智能变电站防止误操作逻辑、异常处理案例、运维检修总结与防范。

本书可供从事智能变电站技术、管理、运行、调试和维护等专业技术人员学习使用，也可供大专院校及电气设备制造厂相关专业人员阅读参考。

图书在版编目（CIP）数据

新一代智能变电站运维检修技术 / 国网湖南省电力公司株洲供电分公司组编. —北京：中国电力出版社，2016.9（2019.3重印）

ISBN 978-7-5123-9629-6

Ⅰ. ①新… Ⅱ. ①国… Ⅲ. ①智能技术－应用－变电所－电力系统运行－维护 Ⅳ. ①TM63-39

中国版本图书馆 CIP 数据核字（2016）第 182322 号

中国电力出版社出版、发行

（北京市东城区北京站西街 19 号 100005 http://www.cepp.sgcc.com.cn）

三河市百盛印装有限公司印刷

各地新华书店经售

*

2016 年 9 月第一版　2019 年 3 月北京第二次印刷

710 毫米×980 毫米 16 开本 6.75 印张 98 千字

印数 2001－2800 册 定价 **35.00** 元

《新一代智能变电站运维检修技术》

编　委　会

主　　任　戴庆华

副 主 任　蒋晏如　李喜桂　凌志勇

编委会成员　黎　刚　雷红才　彭　铖　毛文奇
辛　华　姜国辉　刘安定　罗瑞刚
曾　波　黄飞扬　唐梦娴

编　写　组

主　　编　李国雄

副 主 编　韩忠晖　廖丽萍

参编人员　谌　彬　刘　曼　张　勇　刘易珠
徐雪雷　李国栋　曾　鹏　岳昌斌
潘纪良　陈　当　肖　玮　姚　华
黄艳丽　殷琼琪　杨准明　石海英
陈海波　王　璞　王焕琼

前 言

改革开放以来，变电站的二次系统经过了两次大变革：第一次是保护微机化，第二次是以计算机局域网为基础的变电站自动化。但是我们只做到了间隔层和变电站层的网络化，过程层仍然是老旧设备，虽然变电站所有的二次设备都已数字化，却仍然用来自传统电流互感器和电压互感器的二次电缆来向这些数字设备提供测量值。2015 年 12 月 31 日，新一代智能变电站——220kV 杉树变电站和 110kV 君山变电站在湖南省株洲地区成功送电，标志着数字化变电站的技术已有了突破性的进展。

新型互感器、IEC 61850 标准、网络通信技术和智能断路器技术的发展已经为新一代智能变电站的应用打下了技术基础，并且已有一批应用这些新设备和新技术的变电站投入了运行。新一代智能变电站的应用不仅为变电站内各二次专业提供了一个崭新的发展机遇，而且使整个电网的运行和控制都具备了实现重大技术突破的可能性，因此，从事电力系统的各个专业的技术和管理人员都应予以关注。例如，继电保护装置在全数字化的环境内将变得“面目全非”，现在微机保护装置中占体积最大的两个部分——模拟量输入回路（包括隔离变压器和模数变换等）和开关量输入输出回路（包括大量电磁继电器）都将不再存在，新的输入输出回路将是一种非电光纤式的全新回路。

本书以 220kV 杉树变电站和 110kV 君山变电站运检技术的成功应用为主线，系统地介绍了新一代智能变电站运行维护及检修技术，既结合了实践经验，同时不乏理论分析，对智能变电站建设、改造工程及运行维护等方面具有较大的参考价值。

本书参编人员既有较强的理论基础，又具有丰富的现场实践经验，本书包括概述、智能一次设备技术、网络二次设备技术、智能变电站防止误操作逻辑、异常处理案例、运维检修总结与防范 6 章。第 1 章由李国雄、韩忠晖、廖丽萍编写；第 2 章由谌彬、刘曼、张勇、李国栋、曾鹏、岳昌斌编写；第 3 章由刘曼、张勇、潘纪良、陈当、肖玮编写；第 4 章由刘易珠、姚华、黄艳丽、殷琼琪编写；第 5 章由谌彬、刘曼、张勇、刘易珠、杨准明、石海英、陈海波编写；第 6 章由谌彬、刘曼、张勇、徐雪雷、王璞、王焕琼编写。本书由廖丽萍、谌彬主审。

在本书编写过程中，得到了国网湖南省电力公司运维检修部、电力科学研究院、国家电网湖南省电力公司株洲供电分公司等单位技术专家的大力支持，本书的编写还参阅了相关文献及技术标准，在此，对以上单位及个人表示衷心的感谢！

限于编写时间仓促，书中难免存有疏漏或不足之处，恳请读者批评指正。

编　者

2016 年 1 月

目 录

第1章 概述

变电站运维检修技术是确保变电站长期可靠稳定经济运行的重要保障，已在全球范围推广应用，形成了一系列方法特点，一直以来我国电网企业高度重视变电站运维检修技术，并将其规范化、标准化，同时又注重不同地区不同设备的特点，严格制定了相关运检技术规程规要。

新一代智能变电站采用低功率、紧凑型、数字化的新型全光纤式电流互感器和电压互感器代替常规电流互感器和电压互感器；将高电压、大电流直接变换为低电平信号或光信号，利用高速以太网构成变电站数据采集及传输系统，实现基于IEC 61850标准的统一信息建模，并采用智能断路器控制等技术，这使得变电站自动化技术在常规变电站的基础上实现了巨大跨越。

然而由于新一代智能变电站全光纤电流互感器等新型设备的应用，其无磁饱和、容量大、传输快等特点突出的同时，运维检修的方法也发生了显著变化，湿度、温度、熔纤以及其他因素将对运维检修带来一定的挑战。

1.1 新一代智能变电站主要技术特征

1. 数据采集数字化

电流、电压的采集环节采用非常规互感器，如光电式互感器或电子式互感器，实现了电气量数据采集环节的数字化应用。

2. 系统分层分布化

根据IEC 61850标准的描述，智能变电站的一、二次设备可分为3层：①站控层（变电站层）；②间隔层；③过程层。过程层通常又称为设备层，变电站综合自动化系统主要指间隔层和站控层。

3. 系统结构紧凑

紧凑型组合电器将断路器、隔离开关和接地刀闸、TA 和 TV 等组合在一个 SF_6 绝缘的密封壳体内，实现了变电站布置的紧凑化。

4. 系统建模标准化

IEC 61850 标准为智能变电站自动化系统定义了统一、标准化信息和信息交换模型。

5. 信息交互网络化

新一代智能变电站内设备之间连接全部采用高速的网络通信，二次设备不再出现常规功能装置重复的 I/O 现场接口，通过网络真正实现数据共享、资源共享，常规的功能装置变成了逻辑的功能模块。

6. 设备操作智能化

高压断路器二次技术的发展趋势是用微电子、计算机技术和非常规互感器建立新的断路器二次系统。

1.2 新一代智能变电站运检特点

为适应新的要求及形势，同时充分利用智能变电站全站信息数字化、通信平台网络化、信息共享标准化等突出特点，借助 220kV 杉树智能变电站和 110kV 君山智能变电站投运的契机，变电运维人员成立智能变电站研讨攻关小组，借力打力，全方位参与智能变电站的出厂设计、设备安装、运行调试和检修，例如我们首次与厂家沟通，将智能变电站二次安全措施可视化与监控系统后台对接，完成《智能变电站二次安全措施可视化探讨与研究》QC 成果，我们将智能变电站防止误操作从站控层、间隔层开始完善，并取消了与传统变电站相冲突的逻辑回路等，这些在全省乃至全国，都是智能化变电站运维突破性的成果。

第 2 章 智能一次设备技术

本章将介绍作为智能变电站内重要一次元件的智能式隔离断路器、三工位隔离开关、非常规互感器、充气式开关柜、户外气体绝缘母线（gas insolated bus，GIB）、预制舱的基本功能和实现技术，以微电子、计算机技术和新型传感器建立新的二次系统，这意味着数字化技术的应用从二次延伸到了一次系统，保护和控制命令可以通过光纤网络实现与断路器操动机构的数字化接口，这种实现技术使得变电站的过程层也得以数字化。因此，过程层总线和间隔层总线的合并将成为可能，这将为全数字化变电站技术的实现提供基础。

2.1 智能式隔离断路器

变电站的设计原则由原来的断路器两侧设置隔离开关，改为将隔离功能集成到断路器中，这样取消了线路侧隔离开关而形成的断路器，称之为智能式隔离式断路器（disconnecting circuit breakers，DCB）。

2.1.1 智能式隔离断路器的基本结构及优势

额定电压为 126kV 的智能式隔离断路器是三相机械联动式，额定电压为 252kV 的集成式智能隔离断路器是分相式，每一相包括隔离断路器、断路器机构、接地开关、接地开关机构、闭锁装置、智能化组件、无源光电式电流互感器等部件，其最大的特点是：没有线路侧隔离开关。126 和 252kV 集成式智能隔离断路器分别如图 2-1 和图 2-2 所示。

采用集成式隔离断路器可以大大简化系统的设计和接线方式，优化检修策略，具有减少设备用量、减小变电站占地面积以及节约成本等诸多优势。

传统变电站布置示意图和新一代智能变电站布置示意图分别如图2-3和图2-4所示。

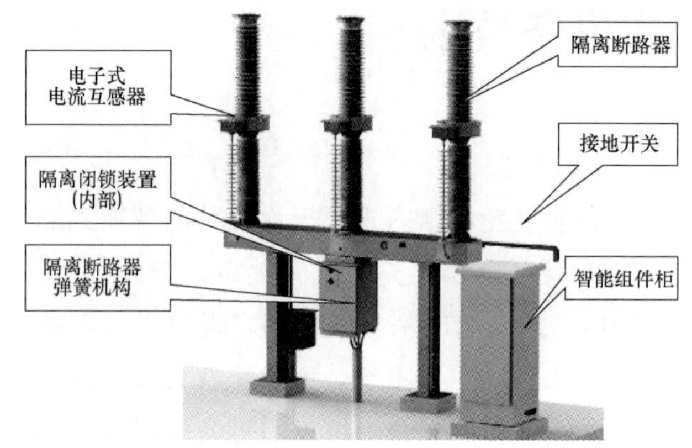

图2-1　126kV智能式隔离断路器

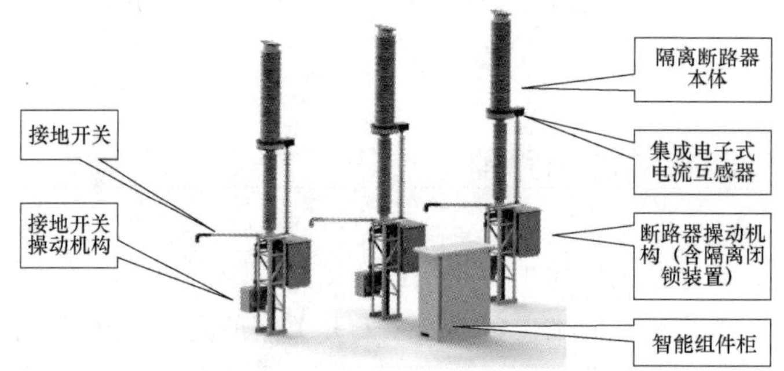

图2-2　252kV智能式隔离断路器

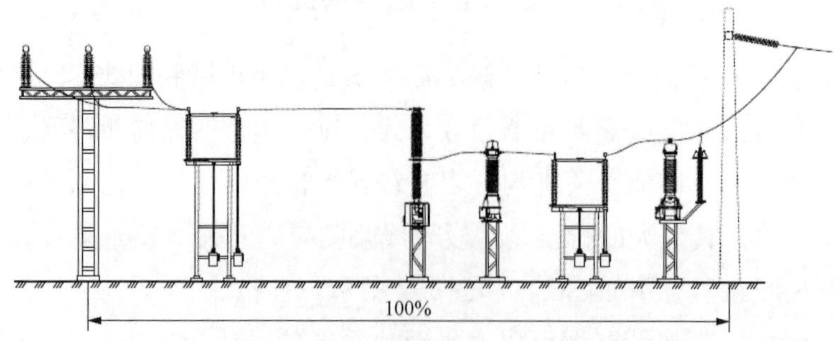

图2-3　传统变电站布置示意图

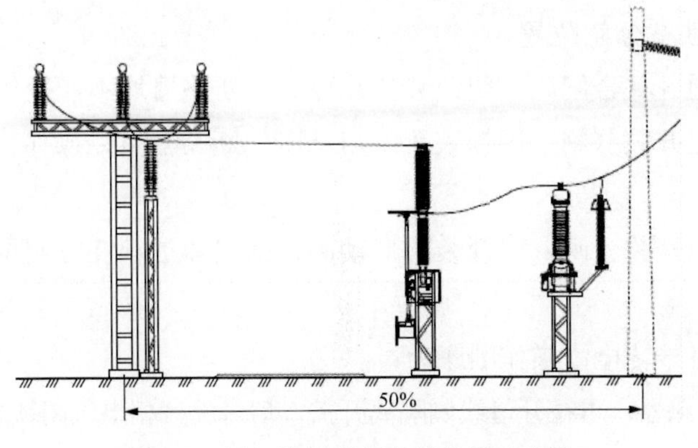

图 2-4　新一代智能变电站布置示意图

2.1.2　智能式隔离式断路器的闭锁及停、送电操作顺序

隔离式断路器的闭锁系统包括机械闭锁系统和电气闭锁系统。

1. 机械闭锁系统

机械闭锁包括断路器分闸状态的闭锁和断路器合闸状态时接地开关的闭锁，具体原理参见图 2-5 隔离式断路器机械闭锁流程图。

2. 电气闭锁系统

电气闭锁实现原则，如图 2-6 隔离断路器位置及操作关系所示：

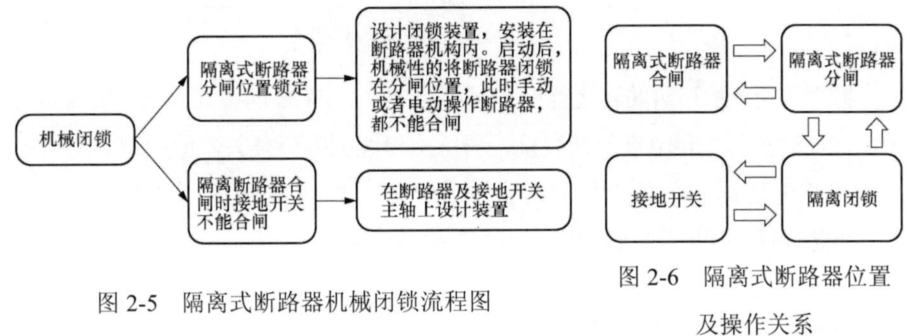

图 2-5　隔离式断路器机械闭锁流程图

图 2-6　隔离式断路器位置及操作关系

（1）当隔离式断路器合闸时，闭锁装置和接地开关都被锁在分闸位置。

（2）当隔离式断路器分闸、闭锁装置未启动时，隔离式断路器和闭锁装置均可以操作，但接地开关操作被限制。

（3）隔离式断路器分闸、闭锁装置启动时，接地开关可以操作，隔离式断路器被锁在分闸位置。

（4）接地开关合闸时，闭锁装置和隔离式断路器均不能操作。

（5）接地开关分闸、闭锁装置未启动时，断路器可以操作，接地开关操作被限制。

（6）接地开关分闸，闭锁装置启动时，断路器被锁在分闸位置，接地开关可以操作。

因此断路器转检修操作顺序为：

先拉开断路器，再拉开母线侧隔离开关，后合上三相电气闭锁装置，而后再操作 DCB 的接地刀闸或者母线侧接地刀闸，隔离断路器转检修顺序如图 2-7 所示。

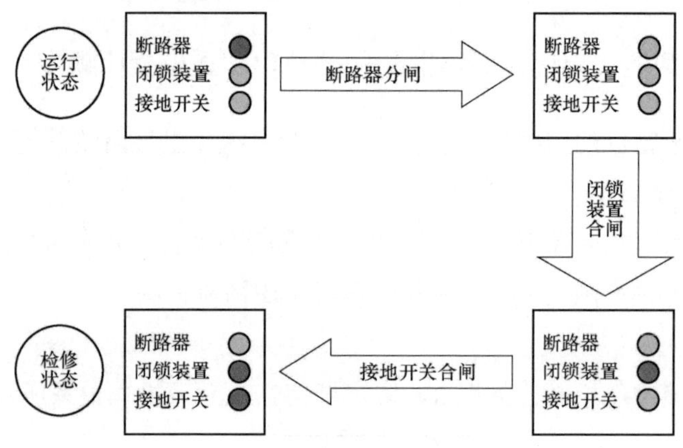

图 2-7　隔离断路器转检修顺序

同理可得，断路器的转运行操作顺序为：拉开 DCB 的接地刀闸、母线侧接地刀闸，而后拉开三相电气闭锁装置，再合上母线侧隔离开关，最后合上断路器。

操作注意：间隔处于检修时，断路器是不能够传动的，因此间隔检修建议在线路侧和母线侧挂地线。

2.2　三工位隔离开关

2.2.1　三工位隔离/接地开关

110kV 君山智能变电站 110kV 部分隔离开关均采用三工位隔离/接地开

关，三工位隔离/接地开关结合了隔离开关和检修用接地开关的功能，用于建立起主回路电气系统的安全工作绝缘距离，同时形成主回路接地，该设备集成于气体绝缘金属封闭开关设备中，作为隔离开关和接地开关使用，隔离开关与接地开关共用一台操动机构。

2.2.2 总体结构

三工位隔离/接地开关采用 GR 型（直角型），母线侧和出线侧使用同一种结构。外壳上装有 SF_6 密度计、SF_6 充气阀门、操动机构等，机构箱上有隔离开关、接地开关位置指示器及电缆插接接口。三工位隔离/接地开关的外形如图 2-8 所示。

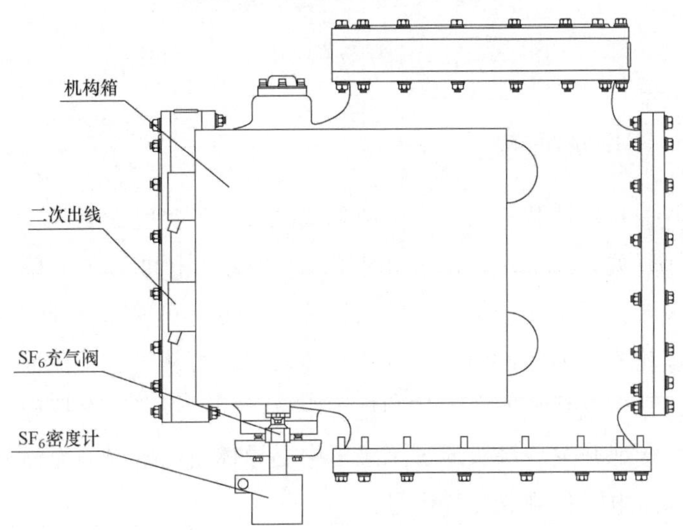

图 2-8 三工位隔离/接地开关

2.2.3 内部结构

三工位隔离/接地开关外壳内充有额定压力的 SF_6 气体，开关高电位部件由盆式绝缘子绝缘、支撑、定位，接地开关静触头装配由绝缘法兰与壳体支撑、分隔、定位，接地开关可用于主回路的电阻测量，及开关元件时间特性的测量等。传动部分是由操动机构的输出齿轮做旋转运动，带动齿轮、绝缘拉杆等零部件旋转，绝缘拉杆又带动导体内的齿轮做同步旋转，齿轮带动动触头上齿条运动，从而使三工位隔离/接地开关动触头做往复直线运动来完成分合操作的。三工位隔离/接地开关内部结构如图 2-9 所示。

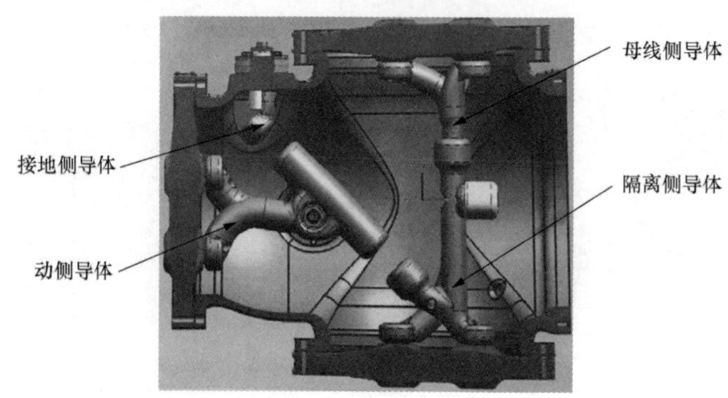

图 2-9　三工位隔离/接地开关内部结构图

2.2.4　工作原理

隔离开关和接地开关共用一个两端式触头，可实现 3 种工况：隔离开关合同时接地开关分；隔离开关分同时接地开关分（中间工位）；隔离开关分同时接地开关合。三位置开关装置的结构特点，可以实现隔离开关和接地开关的机械联锁功能。因此，当接地开关接地后，既可从机械上保证隔离开关必然断开，建立电气系统安全工作的绝缘距离，同时形成安全接地，进行检修段的工作。接地开关静触头通过绝缘子中心导体引出密封的壳体外，可方便地测量主回路电阻和测取开关信号。

2.2.5　操作注意事项

三工位隔离/接地开关可手动操作或电动操作，其中电动操作既可从就地控制柜就地操作也可从主控室远动操作，110kV 君山变电站采用的是在主控室远动操作。

2.2.6　电动和手动操作前确认事项

确认相关的其他设备、元件的状态是否允许该机构进行操作，是否满足外部联锁条件。

2.2.7　电动操作注意事项

（1）确认机构活门是否处于电动操作位置。

（2）确认控制回路和电机回路电压是否正常。

（3）发出电动操作信号后，应由机构自行完成操作及断电不得人为断电，以免影响分、合闸准确到位（操作过程中发生异常时，必须立即停止操作的情况除外）。不能用手按接触器启动电机进行操作。

2.2.8　手动操作注意事项

确认手摇操作到位，听到“咔、咔”声响后，手柄才能取出。

2.3　非常规互感器

2.3.1　有源电子式互感器

1. 安装方法

220kV 杉树变电站 220kV 和 110kV 区域采用的电压互感器为电子式电容分压电压互感器（electronic voltage transformer，EVT），其基本原理和实物分别如图 2-10 和图 2-11 所示：

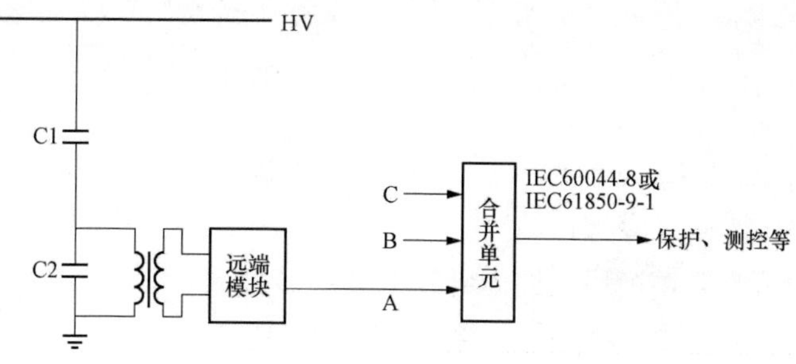

图 2-10　EVT 工作原理图

具体安装方法如下：电子式电容分压电压互感器每一相只含有 1 个电容

图 2-11　EVT 实物图

分压传感元件，传感元件下接 2 个远端模块。2 个模块各自分别经过两路 AD 电路将模拟量转化为数字量，再通过光电转换器输出给两套母线 TV 智能柜合并单元（MU1 和 MU2），每个模块各自需要一路直流 220V 电源。

因此，对于 EVT 每一相均需配置 4 根铠装电缆（共四路 AD 电路），2 根电源线（两路 220V 直流电源），2 根出线光纤（接Ⅰ、Ⅱ母线 TV 柜合并单元，每根光纤均有 4 根芯）。EVT 远端模块和 EVT 精度试验分别如图 2-12 和图 2-13 所示。

图 2-12　EVT 远端模块

图 2-13　EVT 精度试验图

对于 EVT 的 A、B 两相而言：接往Ⅰ母线合并单元的远端模块上的光纤里的 4 根芯只插接了 2 根，1 根运行，1 根热备用，剩余 2 根冷备用；接往Ⅱ母线合并单元的远端模块上的光纤里的 4 根芯插接了 2 根，1 根运行，1 根热备用，剩余 2 根 1 根冷备用，1 根没用；C 相接往Ⅰ母线合并单元的光纤插接情况与 A、B 相相同，接往Ⅱ母线合并单元的远端模块上的光纤里的 4 根芯插接了 2 根，1 根运行，1 根热备用，剩余 2 根都没用。

因此，2 个 TV 接往自身智能柜合并单元里的 12 根芯（A、B、C 各 4 根芯）全部需要熔接，而接往另一母线 TV 智能柜就只有 8 根光纤需要熔接（去除 A、B 相各 1 根没用的，去除 C 相 2 根没用的）。热备用、冷备用光纤经过汇控柜的熔接盒熔接后，摆放在合并单元的光纤盘中。

注意电压互感器的合并单元需要进行一二次信息转换。

设计缺陷：互感器内 2 个模块只有一路电源设计，都是来源于 220kV 预置舱内相对应的直流母线，经汇控柜内两个电源空开配送至两个不同的远端模块。若该直流母线故障，则两个远端模块均会因失电而不能正常工作，也就不能正确地将母线电压传至合并单元。后期解决方案可以考虑采用分别接上两个不同的直流母线。

2. 基本原理

110kV 君山变电站一次设备最大的特点在于其使用了有源电子式互感器，其中 110kV 王君莲 I 线 502TA、110kV 王君线 504TA、110kV 母联 500TA 为三相有源电子式电流互感器；110kV 王君莲 I 线 502 线路、110kV 王君线 504 线路安装单相有源电子式电压互感器。

有源式电子互感器一次采用 Rogowski 线圈或者电磁式传感器传感电流和电容分压式传感器（CVT）传感电压，将数据在就地完成采样及 A/D 转换等数据处理得到数字量，通过光纤将数字量传到控制室内给保护等装置用。因其就地需要用电子电路进行数据处理而需要电源所以称为有源式电子互感器，其原理图如图 2-14 所示。

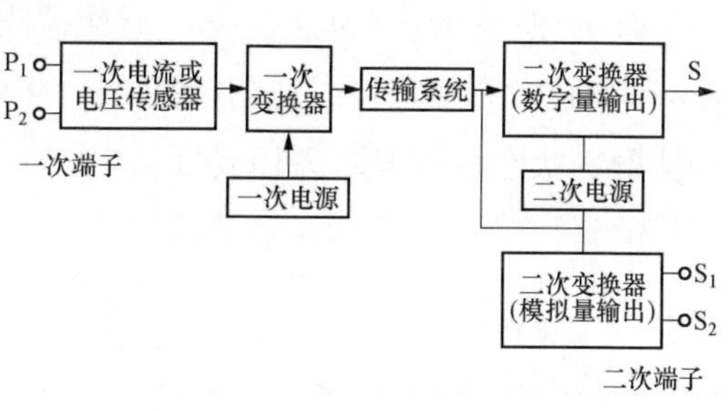

图 2-14　有源电子式互感器原理图

Rogowski 线圈的输出电压 $e(t)$ 与被测电流 $i(t)$ 的时间导数成正比，将 $e(t)$ 积分便可求得被测电流 $i(t)$，$e(t)$ 经积分变换及 A/D 转换后，由 LED 转换为数字光信号输出，控制室的信号处理电路对其进行光电变换及相应的信号处理，便可输出供微机保护和计量用的电信号。

3. 有源电子式互感器特点

（1）互感器的高、低压部分通过光纤连接，没有电气联系，绝缘距离约等于互感器整体高度。

（2）无磁饱和、频率响应范围宽、精度高、暂态特性好，不受环境因素影响。

（3）数字信号通过光纤传输，增强了抗电磁干扰能力，数据可靠性大大提高。

（4）无传统二次负荷概念。

（5）高、低压部分的光电隔离，使得电流互感器二次开路、电压互感器二次短路可能导致危及设备或人身安全等问题不复存在。

（6）以绝缘脂替代了传统互感器的油或 SF_6，避免了传统充油互感器渗漏油现象，也避免了 SF_6 互感器的 SF_6 气体的渗漏气现象。

（7）固体绝缘保证了互感器绝缘性能更加稳定，无需检压检漏，运行过程中免维护。

（8）自检功能完备，若出现通信故障或光电互感器故障，保护装置将会因收到带错误标的数据或收不到校验码正确的数据而可以直接判断出互感器异常。

在高压和超高压中，光电互感器的制造成本和综合运行成本具有明显优势，高性价比体现得尤其显著。

4．有源电子式电流互感器。感应被测电流的线圈采用 Rogowski 线圈，Rogowski 线圈是将导线均匀地绕在一个非磁性材料的骨架上制作而成的空心线圈，线圈结构如图 2-15 所示。

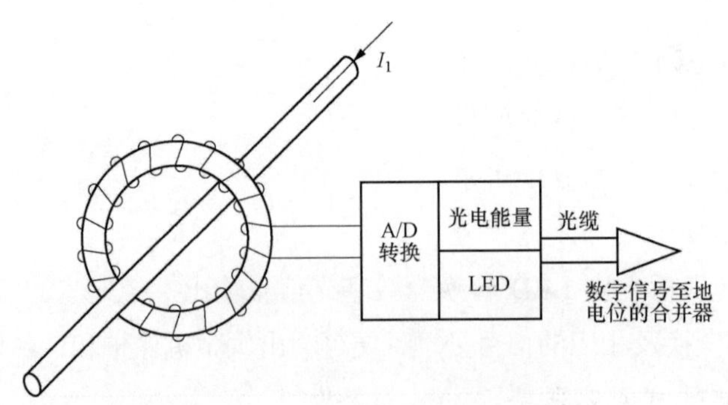

图 2-15　Rogowski 线圈结构

载流导线从线圈中心穿过，当导线上有电流通过时，在线圈的两端将会产生一个感应电势 e，Rogowski 线圈的输出电压 $e(t)$ 与被测电流 $i(t)$ 的时间导数成正比，将 $e(t)$ 积分便可求得被测电流 $i(t)$，$e(t)$ 经积分变换及 A/D 转换后，由 LED 转换为数字光信号输出，控制室的信号处理电路对其进行光电变换及相应的信号处理，便可输出供微机保护和计量用的电信号。

110kV 君山变电站 110kV 线路电流互感器均采用 ECT800-110/BGT 三相共箱有源电子式电流互感器，采用 Rogowski 线圈传感原理，电流测量准确度优于 0.2 级，保护量与测量量分别从 2 个不同线圈获取（双线圈），其输出数据为标准 UART，通过光纤接入合并单元，进而传至保护装置及过程层网络，满足变电站保护、测量、计量需求。ECT800-110/BGT 结构原理如图 2-16 所示。

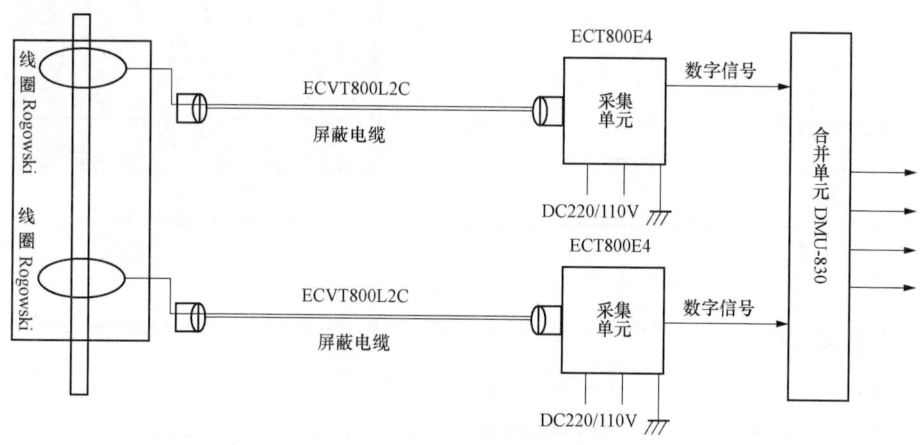

图 2-16　ECT800-110/BG 电子式电流互感器双线圈原理图

ECT800-110/BGT 产品外形如图 2-17 所示。

图 2-17　ECT800-110/BGT 外观图

电子式电流互感器工程应用原理如图 2-18 所示。

由于电流互感器为有源型，互感器仍需通过一个采集板采集一次系统数据。在断路器分合闸的过程中，采集板可能会因为断路器分合瞬间产生的瞬间高压和高次谐波而被烧坏，为解决这个问题，需要在互感器采集回路串联过电压抑制器，串联数目由现场实际情况决定，而无源电子式互感器则不存在这个问题，过电压抑制器如图 2-19 所示。

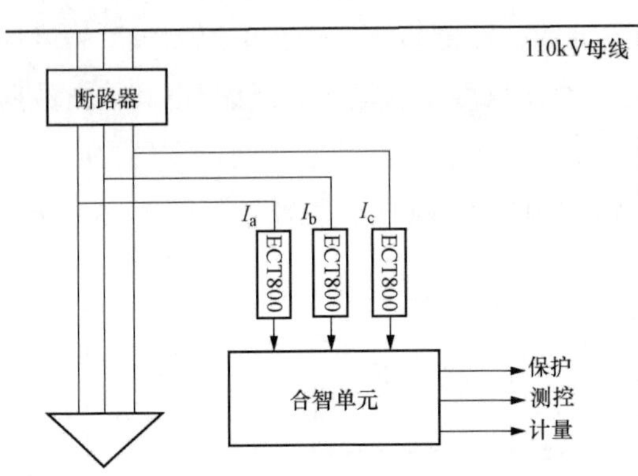

图 2-18　电子式电流互感器工程应用图

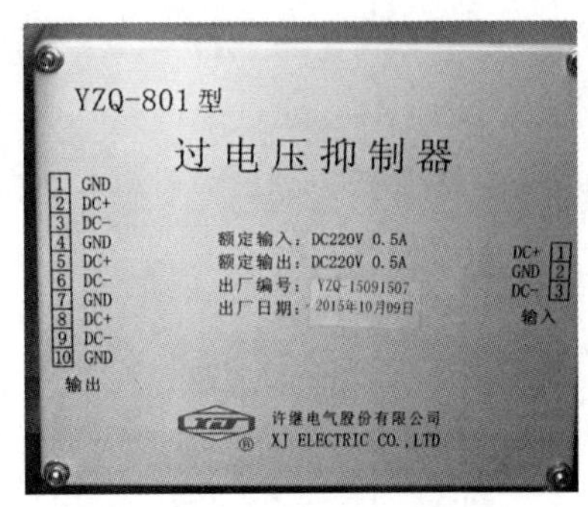

图 2-19　过电压抑制器

5. 有源电子式电压互感器

有源式电子电压互感器主要是基于分压原理实现的。基于电容分压原理的有源电子式 TV 的结构图如图 2-20 所示：被测高压经分压器分压后，经信号预处理、A/D 变换及 LED 电光转换，以数字光信号的形式送至控制室，控制室的信号处理电路对其进行光电变换及相应的信号处理，便可输出供微机保护和计量用的信号。

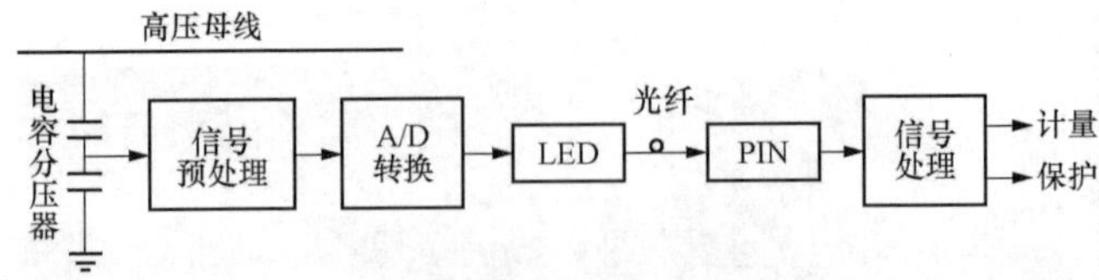

图 2-20　有源式电子式 TV 结构图

110kV 君山变电站 110kV 王君莲Ⅰ线 502 线路、110kV 王君线 504 线路均在 A 相安装 EVT800-110/BG 有源电子式电压互感器，与该站 110kV 电流互感器为同一系列产品。ECT800-110/BG 有源电子式电压互感器重量轻（相当于同电压等级传统重量的 1/3，采集转换部分设计具备双 A/D 系统，即两路独立的采样系统对输入量进行采集，抗干扰能力强，可靠性高。EVT800-110/BG 电子式电压互感器输出数据为标准 UART，通过光纤接入合并单元，进而传至保护装置及过程层网络，满足变电站保护、测量需求，其单结构原理如图 2-21 所示。

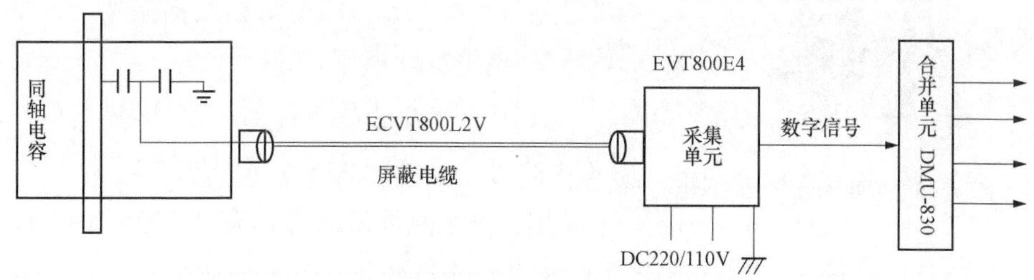

图 2-21　ECT800-110/BG 电子式电压互感器单结构原理图

ECT800-110/BG 电子式电压互感器外观如图 2-22 所示。

图 2-22　ECT800-110/BG 电子式电压互感器外观图

2.3.2　无源电子式电流互感器

1. 光电式电流互感器

220kV 杉树变电站 220kV 和 110kV 区域采用的电流互感器为全光纤无源电子式电流互感器（FOCT）。FOCT 的敏感环安装于隔离断路器上下套管连

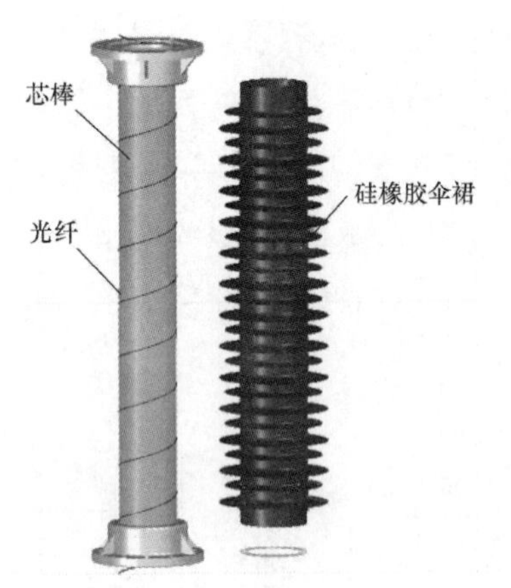

图 2-23　FOCT 光纤缠绕图

接法兰处，电气单元安装于智能汇控柜内。支柱套管包埋光纤，将光纤螺旋式缠绕在环氧芯棒外壁，再进行套管硅橡胶伞群浇筑，如图 2-23 所示。

断路器底部出口光纤与电气单元光纤之间经现场熔接后通过铠装保偏光缆进行连接。光纤熔接盒安装于 DCB 每相底部支架上，整体方案如图 2-24 所示。

具体安装方法如下：220kV 杉树变电站 DCB 的每一相均配置 3 个光纤敏感环，其中 1 个备用。每个光纤敏感环含有 2 个面，每个面熔接光纤的一根芯。这样就有总共 6 根芯通过软管下接到断路器底部白色的光纤熔接盒，然后分两根铠装光缆分别接往 A、B 套智能汇控柜。每根铠装光缆均含 3 根芯，它们在智能柜里的黑色光纤熔接盒中熔接两根芯留一根备用。这两根芯分别下接到全光纤电流互感器采集器的采样板（A1、A2，B1、B2，C1、C2）中，实际上代表测得的每相两组电流值。其中采集器的输入为偏振光，输出为调理后的光源且为 FT3 私有规约，经过合并单元的延时补偿等功能后发散至各个保护、测控、计量等装置。

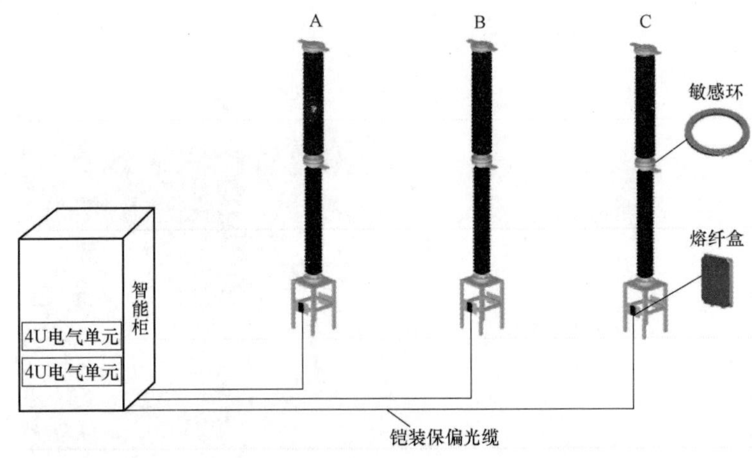

图 2-24　FOCT 光纤整体连接图

FOCT 采集器如图 2-25 所示。

图 2-25　FOCT 采集器

设计说明：

（1）FOCT（如图 2-25 所示）光信息里携带的全是一次量，合并单元不再需要改变变比，保护装置改变变比从而得到二次值。

（2）FOCT 打破了传统思维，没有绕组和级别的概念，但有极性的概念。220kV 区域各间隔母线出线均接 DCB 上桩头（P1），从 DCB 下桩头（P2）接入线路或主变压器。220kV 母联 600 间隔Ⅱ母接入上桩头（P1），Ⅰ母接入下桩头（P2），因此两套母差保护均在保护装置内取反。

（3）电流采集器装置背板后两个底角的铠装光缆为温湿度探头，在现场安装中为悬空于汇控柜内。

装置缺陷：当 FOCT 发生故障，智能汇控柜合并单元上会出现“远端模块报警”和“光强异常报警”两个信号，但是并不能准确区分是哪一级的问题，采集器前的链路或采集器至合并单元间的链路发生故障都会出现这两个信号。

光纤熔接盒和隔离断路器实物分别如图 2-26 和图 2-27 所示。

2. 光电式电流互感器的基本原理

光电式电流互感器（FOCT）是新一代智能变电站的一大亮点：说到光电式电流互感器，不免要提到断路器，因为 220kV 杉树变电站采用的是集成式隔离断路器，法兰位置内部嵌入了全光纤电流互感器的敏感环，敏感环就是一种特殊的光纤传感环，如图 2-28 所示，浅黄色线圈就是敏感环，从图中可以看到，它嵌在了断路器法兰中间。

图 2-26　光纤熔接盒

图 2-27　隔离断路器

图 2-28　全光纤电流互感器敏感环

光电式电流互感器光路图见图 2-29。

图 2-29 是示意图，左图是施工设计图，断路器最下面是基座，上面是支柱绝缘子，最上面是灭弧室，里面有充有六氟化硫绝缘气体的断路器；从右图可以看出，在每个间隔的断路器附近都有一个智能汇控柜，其大致的物理原理是：智能汇控柜中的采集器发射一个光信号，通过地下沟槽，经波纹管，到熔纤盒，熔纤盒就是两路光纤熔接成一路光纤的接口盒，其内部已经熔接好了，通过熔纤盒再传到断路器法兰内部的敏感环，被磁场感应后，经过终

点反射再将光原路返回到采集器中，采集器再传到合并单元，合并单元最后传到保护等设备。值得说明的是，上述内容是为便于理解而阐述的基本原理，具体详细的过程还要考虑左/右圆偏振、信号处理、萨格纳克干涉等，此处不再详述。

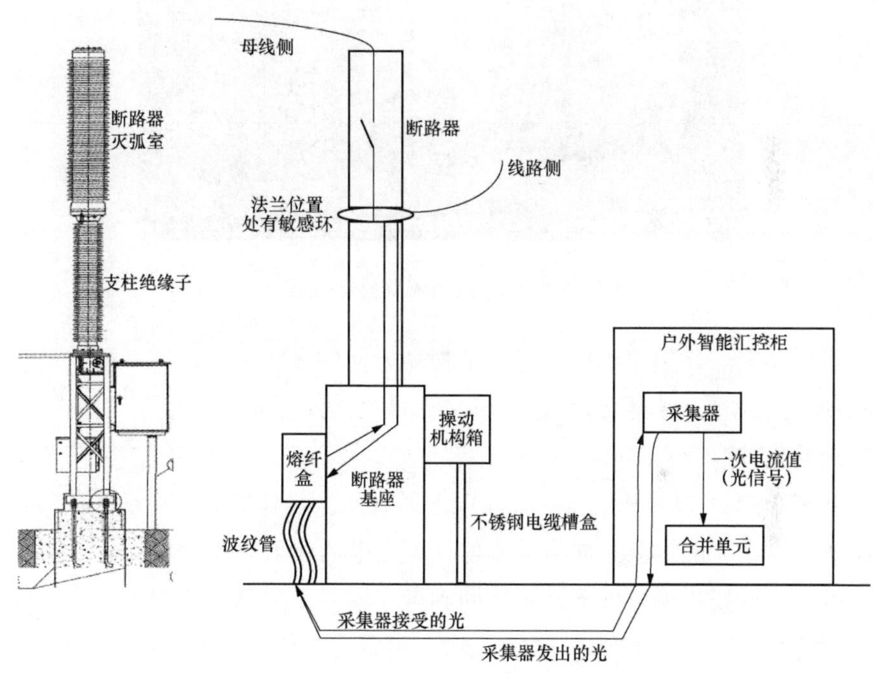

图 2-29　光电式电流互感器光路图

光电式电流互感器采集器见图 2-30。采集器发射的光就是通过图中这 6 个灰色波纹管传送出去的。这里 6 个波纹管对应两套 ABC 信号通道，实现双套化配置，如果一套异常，另一套正常，则可以推断是由装置故障引起的，而不是一次设备的问题。

采集器中的 6 个红色光纤就是连接合并单元的，因为光纤在同一个柜子里不同装置间连接，所以称之为跳纤。

光电式电流互感器的基本原理：从左下图可以看出，采集器中的光源发射出来的光，是有很多振动方向的光，同样传输方向的光，他们的振动方向不一定一样，有的是竖着的，有的是斜着的，当不同振动方向的光同时通过

图 2-30　光电式电流互感器采集器

一个类似狭缝一样很窄的门时，其他振动方向的光将被过滤掉，剩下只有一个振动方向的光，才能传播过去。这个门称之为起偏器，就是产生偏一个方向振动的光。

从图 2-31 可以看出，将这束注入光通过一次导体的感应磁场区域，磁场作用下，这束光的振动方向将发生偏移。出来的传输光就偏了一个角度。

振动方向发生偏移的光，再次回到采集器，采集器中的检偏器检测偏转角度，根据计算，便可算出一次电流值，再将这个值通过光纤传给合并单元，供保护、测量、计量等用。

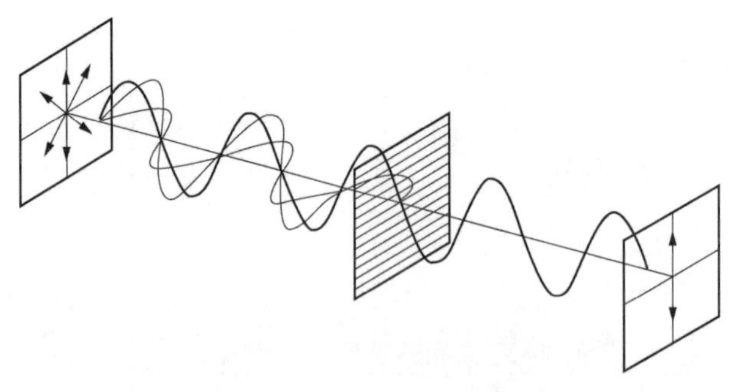

图 2-31　起偏器原理

其物理原理就是法拉第磁光效应，如图 2-32 所示：即当线偏振光在介质中传播时，若在平行于光的传播方向上加一磁场，则光振动方向将发生偏转，偏转角度与磁感应强度和光穿越介质的长度的乘积成正比，偏转方向取决于介质性质和磁场。上述现象称为法拉第效应或磁致旋光效应。

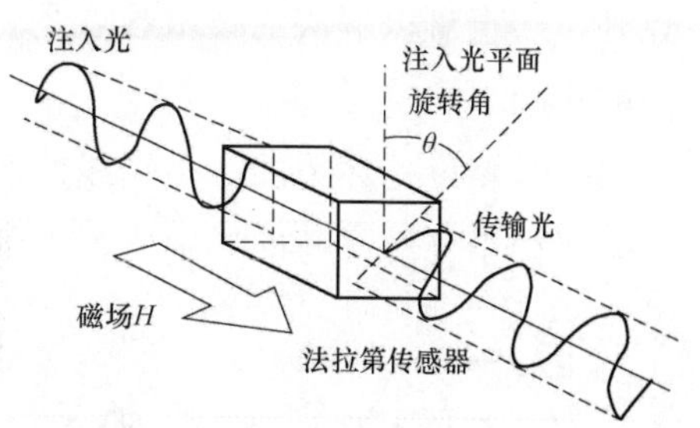

图 2-32　法拉第磁光效应

3. 光电式电流互感器的优点

（1）光电式电流互感器不存在电磁能量传输，仅仅是磁场影响了光的振动方向，而传统电流互感器由于本质是一个变压器，存在一定的能量传输，相当于一个比较小的负荷，如果二次开路，电流全部加在了励磁回路，电压增加到很高，存在爆炸危险。

（2）采样精度不受保护装置负载的影响。

（3）极大简化了绝缘，采用硅橡胶或瓷质绝缘，不需要大量的油绝缘，从根本上实现高压光电隔离，解决了高压绝缘难题，安全性好。

（4）大幅度节约用地，由于没有铁芯，仅为敏感环，占空间小，可与 GIS、隔离式断路器、变压器等一次设备高度集成。

（5）测量动态范围大，由于没有铁芯，不存在磁饱和，不受暂态过电压干扰，可以准确测量暂态大电流。从几十安到几十万安，同时满足计量和保护需求。

（6）抗电磁干扰能力强，光电式电流互感器数字量信号通过光纤传输，增强了抗电磁干扰性能，数据可靠性大大提高。

（7）高科技环保产品，由于是光纤是玻璃纤维，化学成分二氧化硅，不需要消耗大量的铜、铝等有色金属，也不会对大气、水等造成污染，是节能环保的高科技产品。

（8）可靠性免维护性强，一次部分光纤敏感环设计寿命为 30 年，其高可靠性与免维护性完全满足了隔离式断路器的集成要求。

4. 光电式电流互感器的缺点

光电式电流互感器有着传统互感器无法比拟的优势，然而最近才开始进入实用化，是因为光电式电流互感器存在许多技术难点需要解决，除了宽带光源的驱动和精确控制、信号解调算法以及相位调制器的稳定控制等技术难点外，一直难以解决的技术难点是环境温度对光电式电流互感器精度和稳定性的影响。

（1）精度与环境的关系受线性双折射影响较大。首先介绍下线性双折射概念，由于光纤纤芯的椭圆度、内部残余应力和外界因素等的影响，会使光纤中偏振光的偏振态沿光纤长度方向发生变化，这就是光纤双折射。光电式电流互感器的精度与环境的关系受线性双折射影响较大。

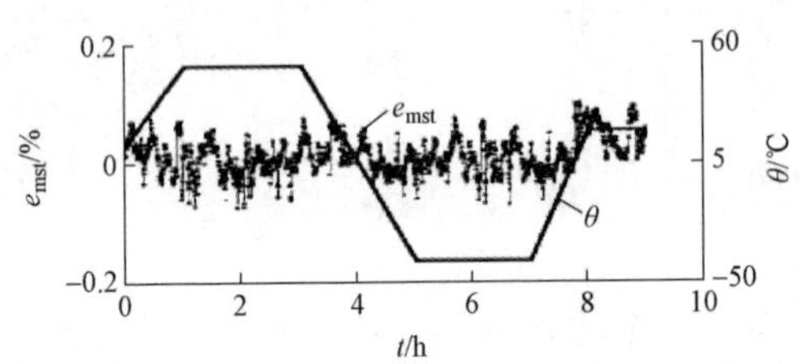

图 2-33　第一套光电式电流互感器温差特性

第一套、第二套光电式电流互感器温差特性分别见图 2-33 和图 2-34。如两图所示，折线 θ 是温度变化曲线，波动性强的线 e_{mst} 是光电式电流互感器的比差变化曲线。

左边的纵坐标是光电式电流互感器比差，也就是一二次电流的比，用来表征二次电流是否能够准确反映一次电流值的；右边的纵坐标是温度，该图就是测试随着温度的变化，光电式电流互感器的比差是如何变化的，由于是在线性双折射处理比较好的情况下进行的，所以比差偏移不大，足以满足 0.2S 级精度要求。

相比图 2-33，图 2-34 中的两条曲线变化都比较大，这里的线性双折射没有处理好，导致光电式电流互感器比差受温度影响比较大。

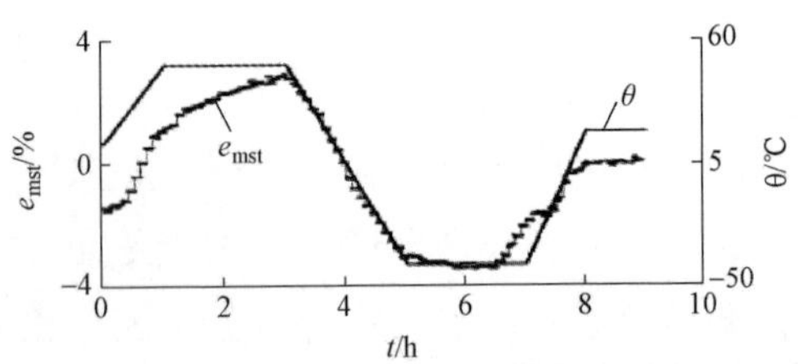

图 2-34　第二套光电式电流互感器温差特性

（2）外界因素影响较大。相邻设备（如断路器或隔离开关）操作产生的振动及线路故障产生的振动不应使电子式互感器出现通信中断、丢包、品质位变或输出异常信号等问题。因此在设计的时候就要保证光电式电流互感器抗外界影响能力较好。

（3）熔纤的影响。熔纤时对外界环境的湿度要求高，若熔纤时进入了水汽，则一定时间之后纤维就会容易被破坏，这点在熔纤的时候要特别注意。

2.4 充气式开关柜

2.4.1 N2X-12-42型充气式开关柜结构

110kV 君山智能变电站 10kV 开关柜采用新型 N2X-12-42 充气式开关柜，采用国际先进的 N_2（氮气）或 N_2/SF_6 混合气体为绝缘介质。

N2X-12-42 充气式开关柜以真空断路器为主开关，将真空断路器、三工位隔离开关等高压带电体完全封闭在 3mm 不锈钢板激光焊接的气箱内，与外界隔绝。开关柜的操动机构、控制和保护单元，气室外的二次回路、电缆室、泄压通道等仍置于大气中，便于监视和维护。每台开关柜均为独立的气箱，每个气箱配置有独立的充气口、带温度补偿密度表、泄压装置等，当气体密度发生变化时，现场巡检人员及远方控制台均可以及时发现。柜与柜间采用专用的母线连接器连接，在现场无需充放气，其结构如图 2-35 所示。

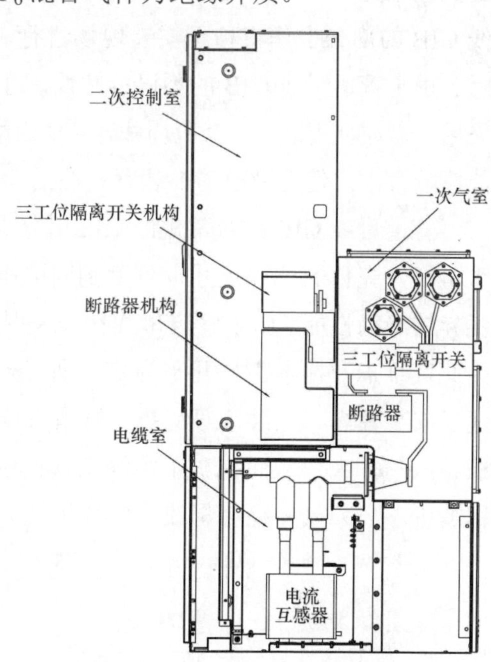

图 2-35　N2X 系列开关柜结构图

2.4.2 倒闸操作及检修安全措施设置变化

N2X-12-42 充气式开关柜的使用使 10kV 类操作及检修安全措施发生变化。因开关柜的三工位隔离开关装于母线侧，10kV 出线侧并未安装隔离开关，导致 10kV 线路没有接地刀闸，在 10kV 线路进行检修时，需要先拉开线路断路器，再拉开母线侧隔离开关，再合上线路断路器，最后合上三工位隔离开关的接地刀闸，被检修线路通过出线断路器与接地刀闸相连实现线路的检修状态。由于操作流程发生变化，相应的调令也要随之改变，不可按照传统开关柜的状态下令。

2.5 户外气体绝缘母线（GIB母线）

SF_6气体绝缘母线（gas insolated bus，GIB），俗称管道母线，其可设计成三相分厢式或三相共厢式结构，管道母线 GIB 与常规的 GIS 用分支母线的最大区别是：壳体及导体（除特殊部位）均采用现场焊接连接，从而管道母线 GIB 的部分工作将移至安装现场进行。

由于管道母线 GIB 的不可拆卸性，同时为了保证运行的可靠性，管道母线采用了微粒捕捉装置，众所周知，壳体内的各种金属异物对 GIS 产品的绝缘性能影响很大，使用微粒捕捉装置，在最大限度上防止 GIB 的绝缘性能下降。

管道母线 GIB 相对常规的 GIS 用分支母线来讲结构更简单，而且体积小、重量轻，壳体的外径尺寸也可缩到同电压等级的 70%～80%，而且同样拥有优异的绝缘性能。由于管道母线在安装时，每个绝缘子上装了微粒捕捉装置，因此其维护及检修工作几乎为零，所以寿命长、全封闭在金属壳体的结构实现了安全性高、免维修等特点。管道母线 GIB 标准单元的长度加长，气室容积相应的扩大，从而减少了绝缘支持件的使用数量，也在很大程度上降低工程造价。户外气体绝缘母线（GIB 母线）实物如图 2-36 所示。

（a）户外气体绝缘母线1

（b）户外气体绝缘母线2

图 2-36　户外气体绝缘母线（GIB 母线）

2.6 预制舱

预制舱式二次组合设备由预制舱舱体、二次设备屏柜（或机架）、舱体辅助设施等组成，在工厂内完成相关配线、调试等工作，并作为一个整体运输至工程现场。预制舱工厂如图 2-37 所示。

（a）预制舱外观图

（b）预制舱内部图

图 2-37 预制舱工厂图

2.6.1 预制舱式二次组合设备

由二次设备屏柜（或机架）及具备承载机柜、行线、收纳线缆、接地等的一体化框架组成，以模块为单位，在工厂内完成集成和调试后，整体运至现场，大幅减少现场工作量。模块化二次设备组柜如图 2-38 所示。

图 2-38 模块化二次设备组柜

2.6.2　预制式智能控制柜

将就地布置的保护、测控、计量和智能组件等设备按间隔与一次设备本体一体化设计、一体化安装，实现一、二次设备的高度集成。至一次设备本体采用预制电缆，至二次设备室采用预制光缆，实现智能控制柜“即插即用”，现场零接线。预制式智能汇控柜与主设备本体集成示意如图 2-39 所示。

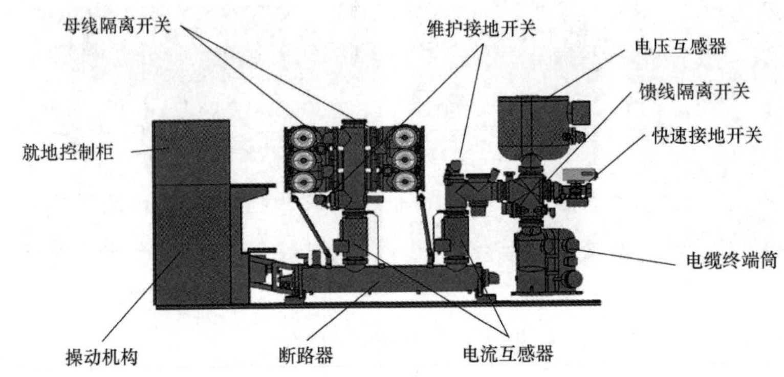

图 2-39　预制式智能汇控柜与主设备本体集成示意图

2.6.3　预制舱大小

预制舱尺寸：宜采用钢结构箱房，结合屏柜布置尺寸和现有运输条件，预制舱舱体尺寸为 3 种类型（长×宽×高）：Ⅰ型 6200mm×2800mm×3133mm；Ⅱ型 9200mm×2800mm×3133mm；Ⅲ型 12200mm×2800mm×3133mm。以 220kV 君山变电站为例：220kV 主变压器采用Ⅱ型预制舱，110kV 主变压器采用Ⅲ型预制舱。预制舱尺寸图如图 2-40 所示，预制舱运输图如图 2-41 所示。

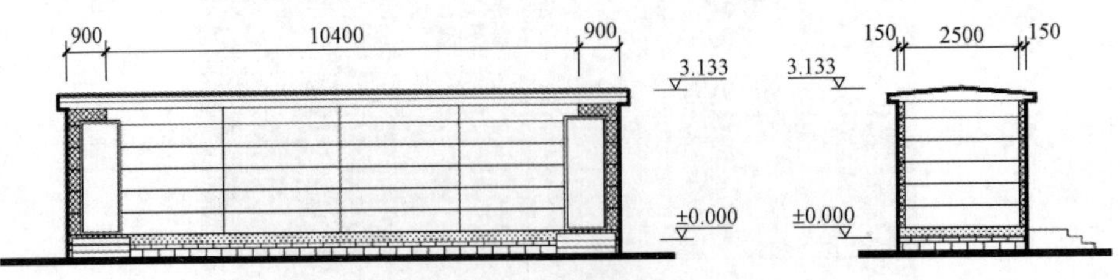

图 2-40　预制舱尺寸图

图 2-41　预制舱运输图

2.6.4　预制舱制造材料

（1）钢结构预制舱：结构标准化程度高、电磁屏蔽性能好、轻质高强。钢结构预制舱外观如图 2-42 所示。

图 2-42　钢结构预制舱外观图

钢结构预制舱主要由舱体主体和围护材料构成，舱体主体分为 3 个部分：底座、框架、顶盖（如图 2-43 所示）；围护材料分内墙、外墙和夹心层：外墙为水泥纤维板（金邦板、FC 板等），内墙为金属装饰板（铝塑板、夹芯板等），夹心层为保温材料（岩棉、聚氨酯），如图 2-44 所示。

（2）玻纤复合材料预制舱：气候适应性强、使用寿命长、具备亲水性，防凝露。玻纤复合材料预制舱外观如图 2-45 所示。

玻纤复合材料预制舱主要由底座和舱体主体构成，底座采用热轧型钢焊接，舱体主体为玻纤复合材料整体浇注。玻纤复合材料预制舱结构如图 2-46 所示。

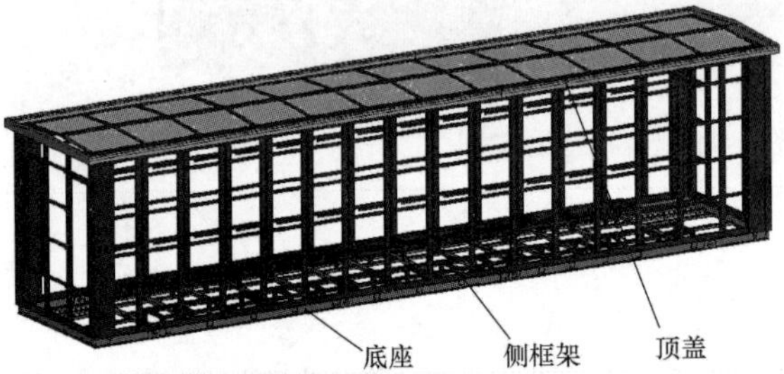

底座　侧框架　顶盖

图 2-43　钢结构预制舱舱体主体图

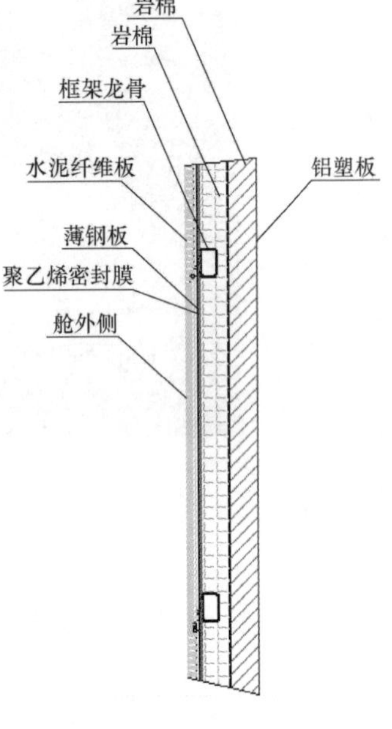

图 2-44　钢结构预制舱围护材料示意图

图 2-45　玻纤复合材料预制舱外观图

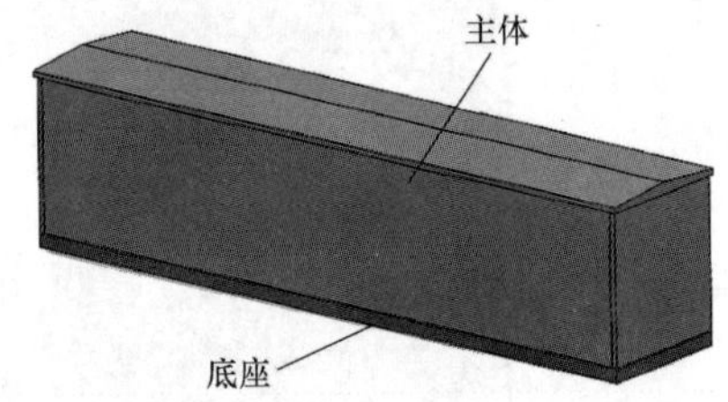

图 2-46　玻纤复合材料预制舱结构图

2.6.5　预制舱内二次屏柜基本要求

舱内二次设备除服务器外宜采用前接线前显示装置，装置应符合相关标准要求，并经有资质的检测机构检测合格。前接线保护装置如图 2-47 所示。

间隔各功能设备应按间隔统筹组柜，站控层服务器宜组柜安装。

图 2-47　前接线保护装置

舱内保护测控屏柜采用 2260mm×600mm×600mm（长×宽×深）屏柜；站控层服务器柜可采用 2260mm×600mm×900mm（长×宽×深）屏柜。

600mm 宽屏柜如图 2-48 所示。

二次屏柜宜采用双列布置（宽 2800mm、靠墙），空间利用率高、操作空间较大（柜间距超过 1300mm），但需要设备支持前接线功能。可有效减少设备舱体数量，大幅减少跨舱接线，减少占地面积和投资；站控层设备、公用设备、交直流电源设备、通信设备预制舱可采用二次屏柜单列布置。（杉树变电站舱内装置采用前接线，双列靠墙布置）

图 2-48　600mm 宽屏柜

对于预制舱内置于本期已上屏柜中间的远期屏柜，建议本期一次性安装好空屏柜，并预留好相关布线。舱内二次屏柜布置如组图 2-49 所示。

舱内二次屏柜布置图见图 2-50。

2.6.6　舱内布线及外部接口

舱内应按规程规定设置配电箱、开关面板、插座等，预制舱内所有线缆均应采用暗敷方式。

预制舱内设置光纤集中接口柜。对于III型双列布置预制舱，宜设置 2 面接口柜；对于Ⅰ、Ⅱ型双列布置预制舱，可根据需要设置 1～2 面接口柜。

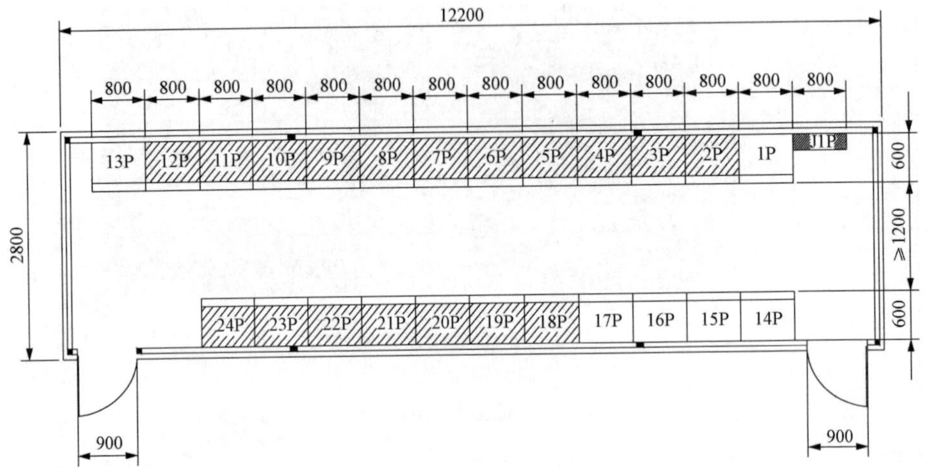

图 2-49　舱内二次屏柜布置图

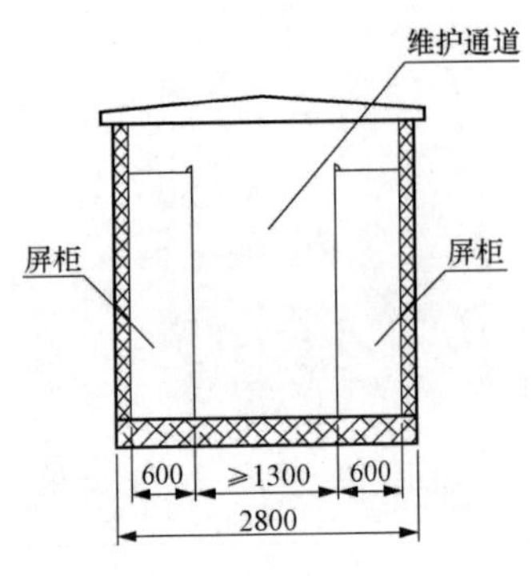

图 2-50　舱内二次屏柜布置图

电缆（主要为直流电源电缆）宜直接从舱内各柜体直接引至舱外，不设置电缆集中接口柜。舱内宜采用下走线方式，舱底部设置电缆槽盒。

舱内与舱外光纤联系应采用预制光缆，预制光缆宜采用圆形接头。

2.6.7　舱内辅助设施

（1）舱内应设置完好的安全防护及视频监控措施，同时设置照明、检修、接地等；舱内照明系统由正常照明和应急照明组成。

（2）舱内应配置手提式灭火器。

（3）舱内应设置空调、电暖器、风机等采暖通风设施，满足二次设备运行环境要求。空调宜具有带远程故障告警功能；舱内确保任何情况下设备不出现凝露现象。

（4）舱内宜设置有线电话，采用挂壁式安装。

（5）舱内宜设置温湿度传感器，可根据需要设置水浸传感器，并将信息上传至智能辅助控制系统。

（6）舱内至少设置一个检修箱，采用户内挂式，安装于角落处。

（7）舱内应设置紧急逃生门，此门可装设电子门锁，且在任何情况下都可以紧急启动。

（8）舱体材质、结构、内外装修等应满足 Q/GDW 11157—2014《预制舱式二次组合设备技术规范》要求。

舱内辅助设施示意如图 2-51 所示。

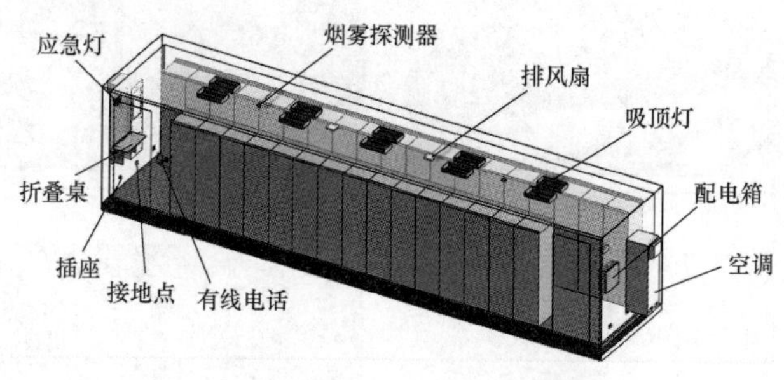

图 2-51　舱内辅助设施示意图

2.6.8　杉树变电站预制舱应用实例

本站共设置两个预制舱：①220kV 二次设备预制舱，舱体为Ⅲ型，尺寸为 12200×2800×3133mm，内含 220kV 及主变压器保护测控装置、220kV 及主变压器故障录波装置、两个直流分电屏、220kV 网络分析仪屏；②110kV 二次设备预制舱，舱体为Ⅱ型，尺寸为 9200×2800×3133mm，内含 110kV 保护、测控、计量多合一装置、110kV 故障录波装置、两个直流分电屏、110kV 网络分析仪屏。110kV 以上电压等级各间隔和主变压器各侧间隔采用保护测控独立配置的方式，220kV 线路、母联及主变压器保护均按双重化原则配置 2 套保护装置，220kV 配置 2 套母差失灵保护；110kV 及以下电压等级保护单套配置，110kV 配置 1 套母差保护；35kV 保护、测控、计量、合并单元、智能终端多合一装置就地布置于 35kV 高压室开关柜内。

本站 110kV 部分（除母线外）均采用保、测、计多合一装置，35kV 部分则采用保、测、计、合、智多合一装置。全站配置 1 台站域控制保护装置（用于实现 110kV 简易母差、35kV 简易母差、35kV 备自投及低频减载功能），本站只采用了 35kV 简易母差保护和低频低压减载功能，组柜布置于 110kV 预制舱。预制舱组装、内部、外观如组图 2-52 所示。

(a) 预制舱组装图1

(b) 预制舱组装图2

(c) 预制舱组装图3

(d) 预制舱内部图

(e) 预制舱外观图1

(f) 预制舱外观图2

图 2-52 预制舱组装、内部、外观图

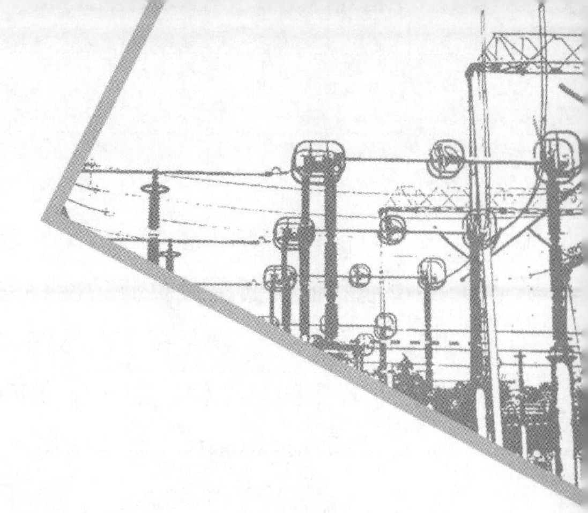

第3章 网络二次设备技术

网络化信息共享是智能变电站的重要特征，一次、二次功能的优化整合及设备形态的演变都以信息自由共享为前提。数字化网络通信可实现多路信息复用，光纤、交换机替代了传统变电站的大量电缆，能够把设备功能从硬件回路的束缚中解脱出来，从而给智能变电站设备形态的演变留下了广阔空间。

智能变电站继电保护系统由合并单元、智能终端、保护装置、测控装置、网络报文分析装置、故障录波装置、在线监测装置、交换机及其他智能电子设备（IED）、过程层网络、站控层网络等构成。在调试过程中发现各二次设备生产厂家对于 IEC 61850 的理解上存在差异，导致不同厂家生产的 IED 设备虽然通过了一致性测试，但在构成系统时 IED 设备仍存在互操作性问题，因此研究智能变电站的系统及调试技术和方法十分必要，本章就智能变电站继电保护系统和调试步骤与方法进行介绍。

3.1 站域保护

电网结构日益复杂，运行方式灵活多变，使得传统继电保护的配置和整定难以同时兼顾选择性和灵敏性的要求，特别是按阶梯式配置的传统后备保护，仅反映局部运行状况，相互之间缺乏协调。

为克服传统继电保护在原理和配置上的缺陷，在智能变电站中采用站域后备保护与全数字化主保护协调工作模式，改善后备保护性能。

为保证独立性和可靠性，主保护采用直采直跳，并均冗余配置具有完全选择性的电流差动原理主保护，不再按设备或间隔单独配置后备保护，而是统一配置站域保护，完成近后备保护和断路器失灵保护。

目前杉树变电站的站域保护装置在 110kV 预制舱中，只配置了 35kV 简易母线和低频低压减负荷功能。主变压器高中压侧区域有自己的母线差动保护，站域保护一般存在于低压侧，杉树变电站也是如此。它可以视为低压侧 35kV 各个间隔主保护的后备保护，具有简易母差保护和低频低压减负荷功能。站域保护示意图如图 3-1 所示。

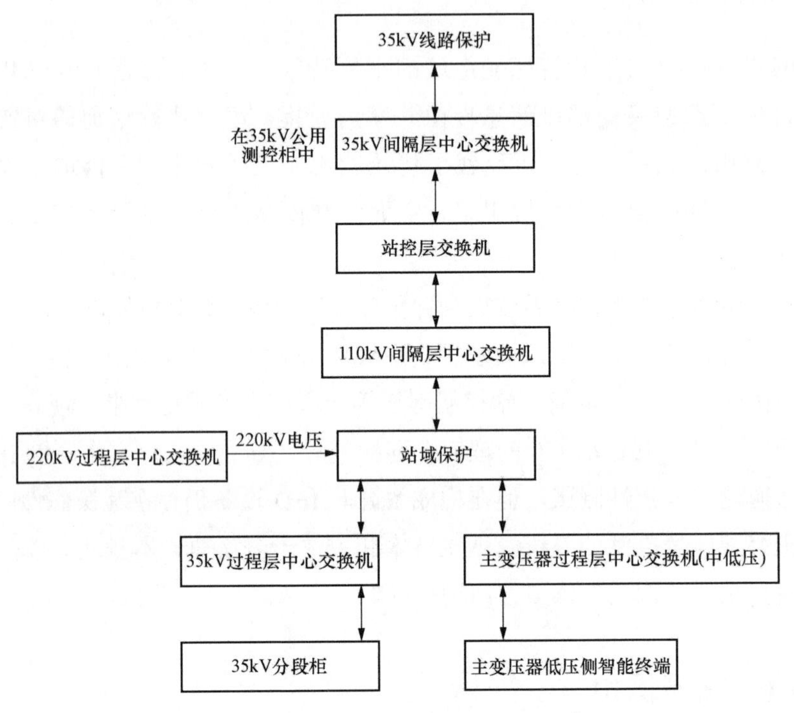

图 3-1　站域保护示意图

220kV 杉树变电站 35kV 线路保护虽然是保护、测量、计量、智能终端、合并单元一体化装置，但是没有装设智能终端和合并单元的插件，因此属于常规装置，不能走过程层交换机（光口），它是通过 35kV 间隔层交换机连接至站控层交换机的，再通过站控层交换机连接到 110kV 预制舱的间隔层中心交换机，最后连接至 110kV 预制舱中的站域保护，站域保护通过 220kV 过程层交换机取 220kV 母线 TV 电压频率，来进行低频低频减负荷运算，然后通过刚才的回路原路返回跳线路实现减负荷。

另一方面，35kV 分段柜含智能终端和合并单元，因此可以连接过程层交换机，实现 35kV 的简易母线保护，如果线路保护跳闸失败，则站域保护可以直接跳 35kV 分段以及主变压器低压侧。值得一提的是，站域保护通过交换机跳 35kV 分段的设计目的是考虑了以后会有新的分段投运，这样可以简化接线。

3.1.1 简易母差保护

1. 简易母差保护原理

220kV 杉树变电站简易母差保护实际上没有利用电流差动的原理，叫简易母线保护可能更准确，保护逻辑为复压过流保护，电压是作为复压闭锁元件，电流是作为过流保护元件。它位于站域保护控制装置的变低冗余后备保护中。简易母线保护的输入为主变压器低压侧的电流和电压，电压电流传输路径是通过光纤背板到光纤预制插头，到 220kV 预置舱内光纤接口柜的 A 套配线架，再到主变压器 A 套保护测控柜里的 110kV 过程层 A 网交换机，然后级联到 110kV 过程层 A 网中心交换机，再通过尾缆从 110kV 过程层中心交换机输入到站域保护控制装置背板。简易母线保护的输出为跳主变压器低压侧和低压侧分段的 GOOSE 跳闸命令。它通过 110kV 过程层 A 网中心交换机、主变压器 A 套保护测控柜 110kV 侧过程层交换机网跳主变压器低压侧，通过 35kV 中心交换机网跳低压侧分段。简易母差线保护的原理即在复压元件开放的情况下，主变压器低压侧过流达到定值且在定值时限内没有收到低压侧各线路间隔的保护过流（大于动作值）闭锁信号（MMS 报文），简易母线保护出口，网跳低压侧和低压侧分段。主变压器低压侧后备保护也是复压过流保护，它与简易母线保护在低压侧故障情况下谁先动作取决于定值的整定，一般设置站域简易母线保护先动作。站域保护的低冗余后备保护装置如图 3-2 所示，站域保护开入软压板如图 3-3 所示。

补充说明：

（1）站域保护定值设置中只需要设置低压侧定值，中压侧需退出。

（2）在保护开入中有低压侧外部闭锁开入，分别对应线路过流保护闭锁信号。

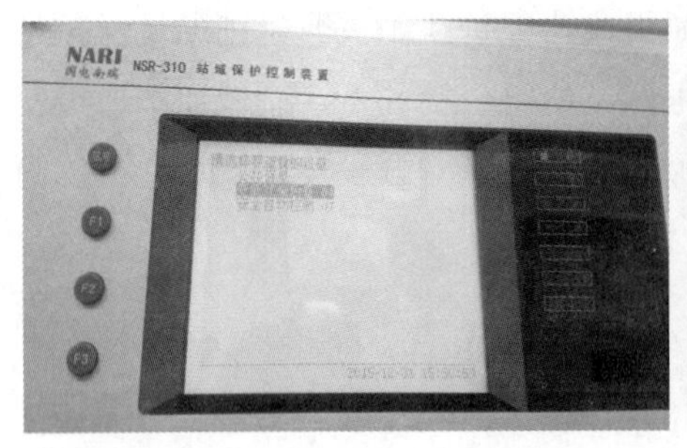

图 3-2　站域保护的低冗余后备保护

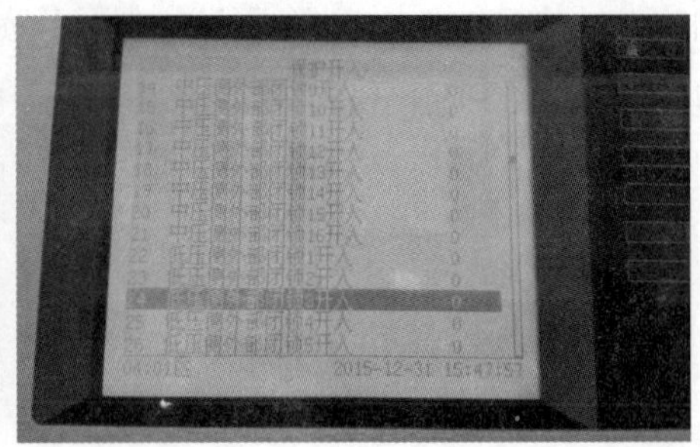

图 3-3　站域保护开入软压板

2. 简易母差保护调试

问题描述：简易母差保护调试过程中，给低压侧某一线路间隔和主变压器低压侧间隔同时加故障量，简易母差保护不动作。

案例分析：在 220kV 杉树变压器校验站域保护的简易母差保护功能时，调试人员在主变压器低压侧复压元件开放的情况下，给一条线路间隔和主变压器低压侧间隔同时加电流故障量。结果线路保护装置内的过流保护动作，而简易母差保护并没有动作。调试人员认真排查保护装置的接线情况，发现简易母差保护采样、跳闸回路都没有问题。于是进一步核查保护装置的动作时间定值，发现简易母差保护不动作原因在于故障量加量时间太短，少于线路过流闭锁和简易母差保护动作之和。因为线路保护装置内过流保护动作时间为 0.1s，站域保护出口矩阵第一时限跳低压侧分段为 0.2s，过流闭锁时间为（0.1+0.2）s，因此跳低压侧分段故障量需要加 0.5s，调试人员故障量只加了大约 0.3s，必然会被线路间隔过流保护闭锁。

解决方法：调试人员增加故障加量时间至 0.5s 以上再次做上述试验，简易母差保护动作出口跳开主变压器低压侧分段。因此，调试人员在保护调试校验特别是存在其他保护闭锁信号时，不仅应只关注加的故障量大小是否超过动作定值，还应考虑保护装置的动作时间与其他间隔对本间隔闭锁信号存在的时间。

3.1.2　低频低压保护

1. 低频（频）低压保护原理

低频低压保护装置采集 220kV 过程层中心交换机里 220kV 母线电压，当频率或者电压下降到一定程度，就会先通过 35kV 间隔层交换机然后再通过 MMS 报文按照预先设置的切负荷逻辑网跳低压侧线路。低频低压保护位于站域保护装置的安全自动控制中，在装置参数中有选择Ⅰ母线投运和Ⅱ母线投运的控制字，即选择Ⅰ、Ⅱ母线电压。这里特别需要说明，两个控制字均设置为 1，Ⅰ母线投运，选择Ⅰ母线电压；分别设置为 1 和 0，Ⅰ母线投运，选择Ⅰ母线电压；分别设置为 0 和 1，Ⅱ母线投运，选择Ⅱ母线电压；均为 0，则两个都不选，无电压采样。低压保护是判正序电压，低压保护和低频保护跳闸出口都是分 3 轮，每一轮均可设置出口矩阵。线路保护装置上显示有低频保护的 GOOSE 出口跳闸，但低频保护的出口不需要线路保护装置设置“GOOSE 出口软压板”。该软压板不管设置为 0 还是 1 都不影响低频保护出口。站域保护控制装置如图 3-4 所示。

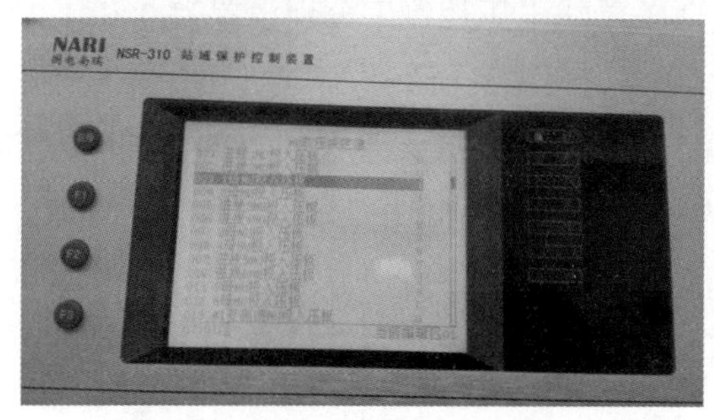

图 3-4　站域保护控制装置

需要补充说明的是：站域保护装置的安全自动控制模块的 MU 软压板定值中有Ⅰ母线 MU 投入软压板和Ⅱ母线 MU 投入软压板，这两个是控制母线电压采样的，虽然一个数据包，但是分不同的 SV 软压板控制。低频低压保护 MU 软压板定值如图 3-5 所示。

2. 低频低压保护调试

问题描述 1：站域保护低频低压功能校验调试过程中，在Ⅱ母线电压投运情况下，任凭怎样改变 220kV Ⅱ母线的电压或者频率，低频低压保护都不会动作。

案例分析：220kV 杉树变电站在调试站域保护的低频低压减载功能过程中，厂家已经完成了从 220kV 母线电压采样所需的组网和连线，并且装置的参数设置中Ⅱ母线电压控制字是设置为 1 的。但无论怎样减少 220kV Ⅱ母线电压或者频率，保护均不能出口。奇怪的是，调整 220kV Ⅰ母线的电压或者频率，保护却能够出口。调试人员经过多方排查，发现装置的参数设置中Ⅰ母线电压控制字也设置为 1。这样就对Ⅱ母线电压的采样计算起到了“闭锁”

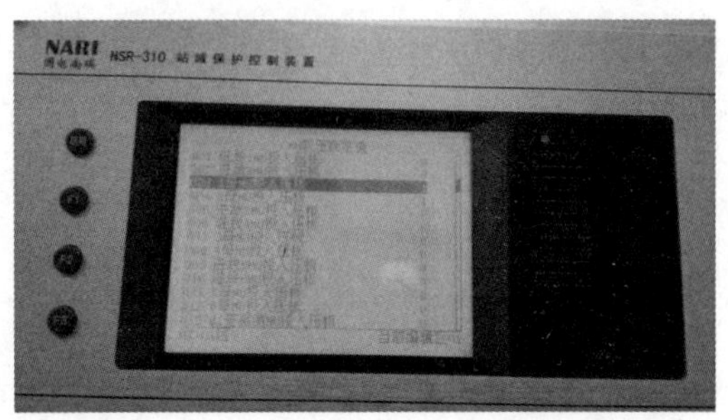

图 3-5　低频低压保护 MU 软压板定值

功能，两个控制字都设置为 1，默认采用 220kV Ⅰ母线电压采样计算，因此对Ⅱ母线电压的操作是无效的。

解决方法：调试人员将 220kV 两条母线电压控制字分别设置为 0 和 1，即Ⅰ母线电压不投运，只采用Ⅱ母线电压，再做Ⅱ母线的低频低压保护试验，得到预期结果，问题得到解决。可见，厂家人员一定要熟悉自己的保护装置，并对一些比较隐蔽的问题，譬如一些闭锁关系做到心中有数，并在调试前向调试人员详细交底，以促使调试过程中少走弯路。

问题描述 2：站域保护低压保护功能校验调试过程中，大幅度减少电压，低压保护不动作。

案例分析：220kV 杉树变电站在调试站域保护的低频低压减载功能过程中，厂家已经完成了从 220kV 母线电压采样所需的组网和连线，并且“母线电压投运”控制字的设置也是符合调试需求的。调试人员使电压一步减少到低于低压保护定值，低压保护却并不动作。调试人员只得不断降低电压重新进行试验，发现如果一次性将母线电压降得太低，虽然电压值远低于低压保护动作定值，保护却并不出口。

解决方法：鉴于以上问题，调试人员改为逐步缓慢较连续地降低母线电压，并且母线电压保持在 15V 以上。当电压值低于低压保护动作定值时，保护都能够动作。因此，15V 是站域保护中的低压保护动作闭锁值，如果直接将母线电压减小到 15V 以下，保护便被闭锁。低压保护动作需要电压有一个缓慢下降的过程，调试过程中只有缓慢降低母线电压，才会触发保护动作。

注意：站域保护低频保护存在跟低压保护类似的问题。只不过它是受变化率闭锁的，当频率降低的比率大于 2Hz/s 时则闭锁保护，低频保护不会动作。

3.2 网络二次结构

3.2.1 单一间隔网络结构

1. 过程层网络结构

220kV 杉树变电站采用的是三层两网网络结构，三层指的是过程层、间隔层、站控层，两网指的是过程层网络、站控层网络。以组网情况比较复杂的 220kV 电压等级为例进行说明。220kV 过程层为 A、B 双网配置，相互之间没有耦合，彼此是独立的，预置舱内光纤接口柜的两个光纤转接架和 A、B 网络一一对应。220kV 除主变压器外的每个间隔的两套保护和测控单独组屏，同时过程层交换机位于屏内。以 A 网交换机为例，输入有 A 套合并单元组网口、A 套智能终端组网口；输出有测控组网 A 口、保护 A 组网口、计量 A 组网口（606 攸杉 I 线），一组级联至 A 网过程层中心交换机。220kV 过程层 A 网交换机配置如图 3-6 所示。

图 3-5 展示了 220kV 过程层 A 网交换机配置图。过程层中心交换机布置于母线保护柜里，有 A、B 两套。从图中可以看出，母线 TV 组网直接到过程层中心交换机：母线保护装置组网、I 母线合并单元组网、I 母线智能终端组网、母线测控组网。其他间隔的 4 个过程层交换机级联至过程层中心交换机，主变压器故障录波、220kV 故障录波、220kV 网络分析装置通过采集过程层中心交换机里的电压电流信息工作。

与此类似，110kV 电压等级各间隔保护单套配置，组 A 网。

2. 间隔层网络结构

以 110kV 间隔层网络结构为例进行介绍，图 3-7 展示了 110kV 过程层交换机配置图。

110kV 间隔层交换机有只有两台，分别是 A 网交换机和 B 网交换机，也

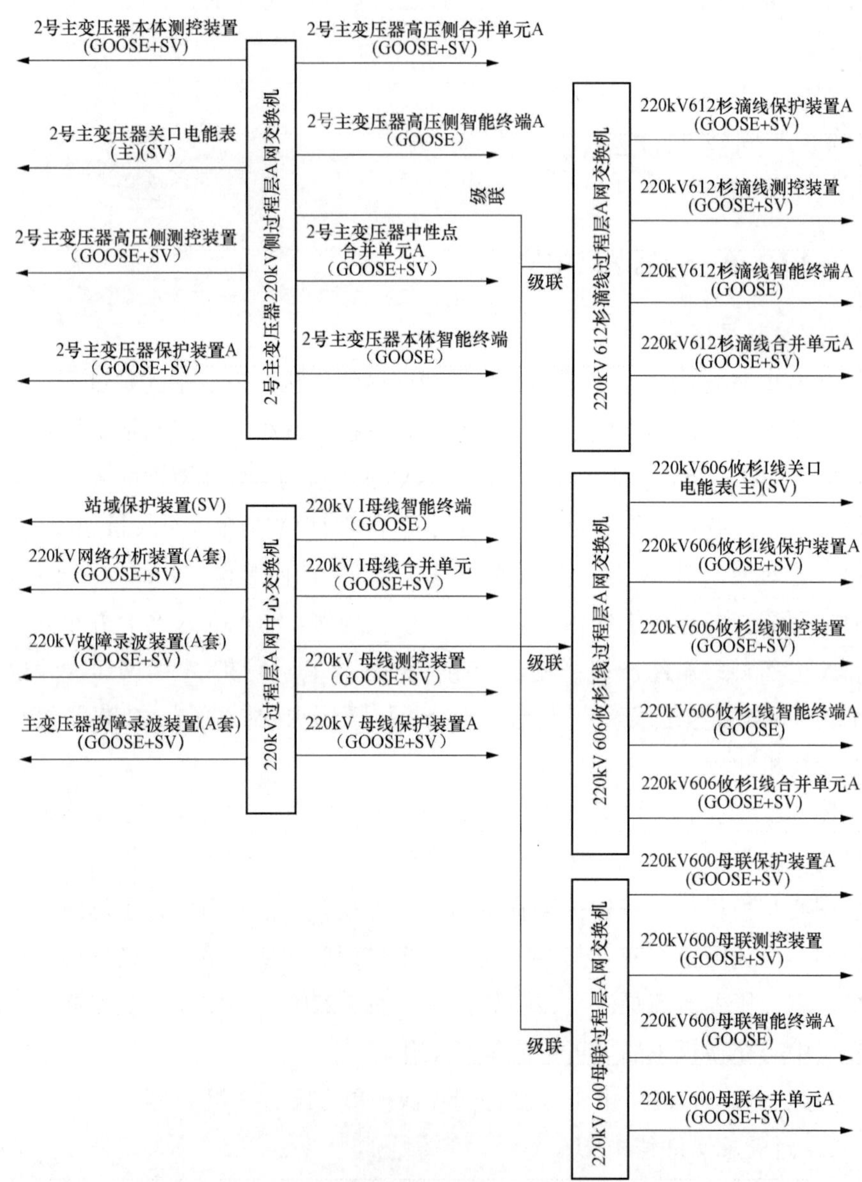

图 3-6　220kV 过程层 A 网交换机配置图

可以叫它们间隔层中心交换机，都安装在 110kV 母线测控柜里。从该图可以看出，各个间隔（包括线路、分段、母线）的保护、测控、计量等信息上传至间隔层交换机，再通过间隔层交换机上传至站控层交换机，从而传送至后台监控。需要说明的是：110kV A 网和 B 网间隔层交换机里的信息都是由同一套保护、测控、计量装置传输过来，它们上传至站控层交换机的信息是完全相同的。

此外，过程层交换机和间隔层交换机并没有直接联系。过程层交换机主要是采集一些一次设备电压电流信息用来故障录波、网络分析，或者保护、测控、计量装置等间隔层设备通过过程层交换机网采一些信息，然后通过间隔层交换机向上层传送。另外，杉树变电站主变压器的本体以及高中低三侧测控装置都是通过 220kV 间隔层交换机传送至站控层的。

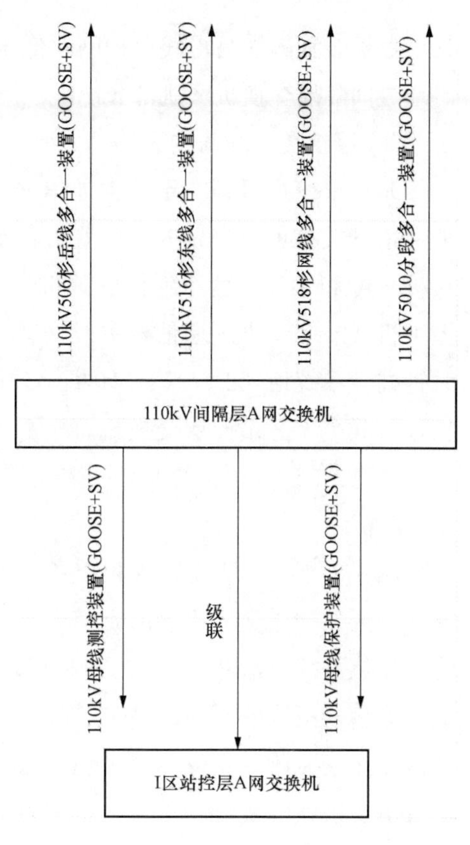

图 3-7　110kV 间隔层交换机配置图

35kV 与前两者组网情况略有不同，它的每个间隔采用保护、测控、计量、合并单元、智能终端五功能合一装置，合并单元接入的是常规互感器。35kV 过程层单网配置，本期只配置了 1 台过程层交换机；间隔层双网配置，配置了两台间隔层交换机。过程层和间隔层交换机都配置在 35kV 公用测控柜里。35kV 过程层中心交换机只是接了分段间隔的多合一装置和站域保护装置，其他线路间隔多合一装置都是直接接的 35kV 间隔层交换机。为什么其他线路间隔多合一装置不直接通过光纤接 35kV 过程层中心交换机？因为这些间隔的多合一装置是常规装置，上面没有光纤接口。而 35kV 没有故障录波、网络分析，并不需要采集所有间隔信息。35kV 过程层中心交换机只是用来给站域保护装置的简易母线保护网跳低压侧分段，而站域保护装置低频低压减载时通过间隔层交换机网跳部分出线。这也是现场组网时对设计做出的变更。

3. 站控层网络结构

站控层交换机存在于数据通信网关机柜里，220kV 杉树变电站有两台数据通信网关机柜，分别叫Ⅰ区和Ⅱ区数据通信网关机柜，各有两台站控层交换机（A 和 B）和两个通信网关机。Ⅰ区站控层中心交换机连接的设备有监控主机（2 台）、1 区通信网关机（2 台）、数据服务器、网络分析仪主机柜、时钟同步系统柜（2 台）、打印机、公用测控等装置。同时，各间隔层交换机也是级联至Ⅰ区站控层交换机。

注意：35、110、220kV 间隔层 A、B 网交换机分别独立连接站控层 A、B 交换机。

图 3-8 给出了站控层 A 网交换机配置图。

Ⅱ区站控层交换机接的是综合服务器、Ⅱ区的通信网关机（2 台）、交直流一体化系统直流联络柜（总监控模块）、辅助控制系统柜、电能量采集柜（地级电能量采集终端）、220kV 故障录波、220kV 和 110kV 的断路器在线监测、避雷器在线监测、主变压器油色谱在线监测系统。可以看出，站控层Ⅰ区交换机主要接收的是远动等实时信息，Ⅱ区交换机接收的主要是计量等非实时信息，两者之间需要通过 A、B 网防火墙连接。Ⅰ区和Ⅱ区之间的信息传递是单向的，只能Ⅰ区信息往Ⅱ区传递，而不能让Ⅱ区信息干扰Ⅰ区。所以在监控主机上是看不到故障录波的，看故障录波直接去相应的故障录波装置上看。

再往上，Ⅰ、Ⅱ区数据通信网关机连通省、地级调度数据网接入设备柜里的交换机，从而跟省调、地调取得联系。

3.2.2 主变压器组网情况

主变压器保护屏位于 220kV 预置舱内，有两个屏柜。每个保护屏内有主变压器 220kV 过程层交换机、110kV 过程层交换机。其中高压侧和本体一起组屏，也一起组网；中低压侧一起组屏，也一起组网。

主变压器保护 A 柜内的 220kV 过程层 A 网交换机用于给以下设备组网：主变压器高压侧 A 套合并单元、主变压器高压侧 A 套智能终端、主变压器保

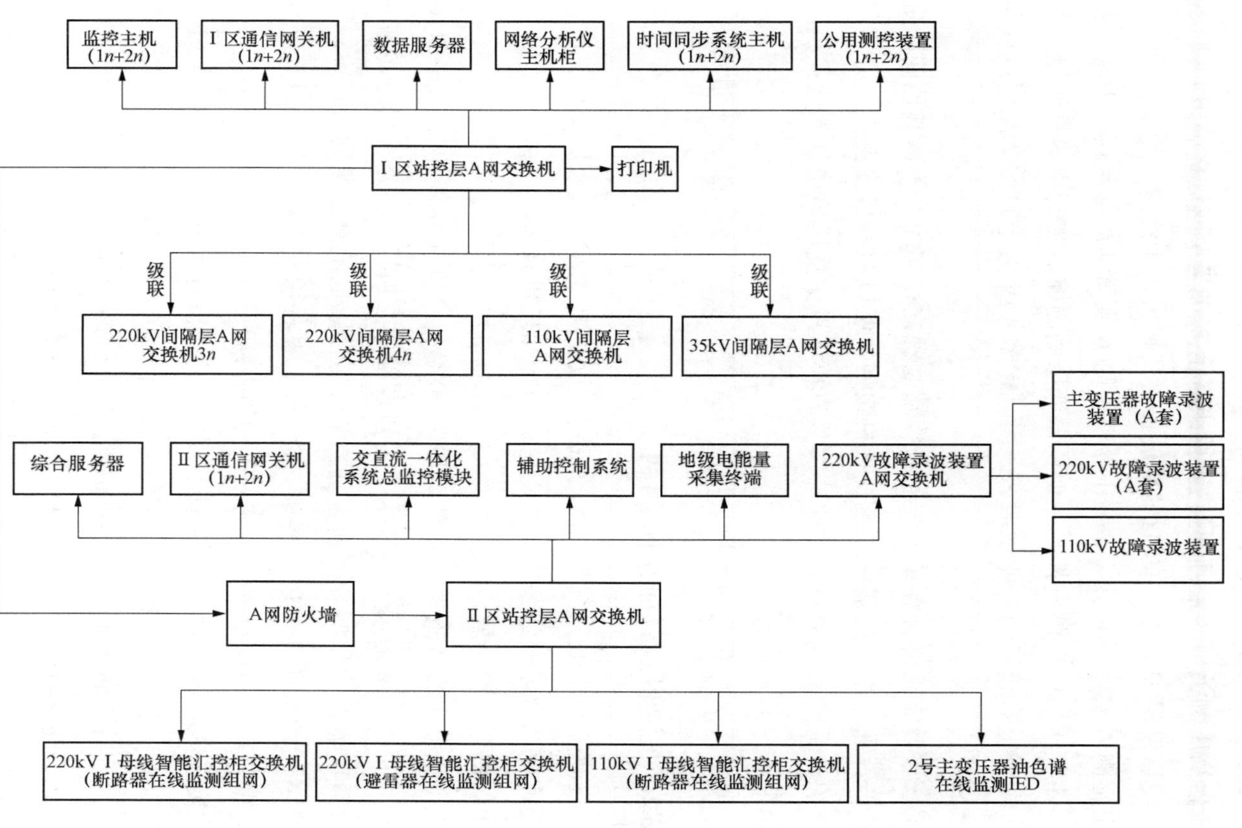

图 3-8　站控层 A 网交换机配置图

护 A、主变压器高压侧测控、本体测控、本体合并单元 A、本体智能终端、主变压器高压侧关口计量。同时它需要级联至 220kV A 网过程层中心交换机。

主变压器保护 A 柜内的 110kV 过程层交换机用于给以下设备组网：主变压器中压侧 A 套合并单元、主变压器中压侧 A 套智能终端组网、主变压器保护 A、主变压器中压侧测控、主变压器低压侧测控、主变压器低压侧合并单元 A、主变压器低压侧智能终端 A。同时它需要级联至 110kV A 网过程层中心交换机。

主变压器低压侧合并单元、智能终端是独立存在的，不像其他间隔是五功能合一，通过主变压器中压侧交换机组网，所以简易母线保护（亦即复压过流保护）通过 110kV 过程层中心交换机再通过主变压器中压侧交换机网采低压侧电压、电流。

主变压器保护 B 网内交换机组网与 A 网交换机大同小异，不再赘述。

3.2.3　主变压器跳闸出口组网

主变压器高中低三侧跳闸均为直跳，设计中 35kV 过程层交换机放置于分段隔离柜，后更改到公用测控柜里。这个交换机只有一个用途，用于站域保护出口跳低压侧分段。

主变压器出口 A 套跳中压侧分段为网跳，走主变压器保护装置——110kV A 网过程层中心交换机——110kV 分段过程层交换机——分段智能终端的跳闸路径；B 套跳中压侧分段为直跳。主变压器跳低压测分段均为直跳，原本设计是 A 套跳低压侧分段为网跳，走 35kV 过程层交换机，但当时厂家少了尾缆，故更改为 AB 套跳低压侧分段均为直跳。

主变压器的跳闸矩阵中，智能终端的出口压板有两个，对别对应 A、B。但低压侧只有一个跳闸线圈，B 套通过 A 套出口，因此当 B 套投出口压板，保护动作后，A、B 套的智能终端的保护跳闸指示灯均会点亮，不论 A 套出口与否。

问题描述：调试人员在做主变压器保护跳低压侧试验时，将 B 套智能终端出口压板投入，A 套智能终端出口压板不投入，但保护跳闸以后，A 套智能终端保护跳闸指示灯也被点亮。

案例分析：220kV 杉树变电站调试主变压器保护跳闸过程中，主变压器低压侧A套智能终端出口压板没有投入，B套投入，那保护跳闸智能终端走B套智能终端。但A套跳闸灯也被点亮，调试人员怀疑A、B套智能终端可能共用一个跳闸线圈。

解决方法：调试人员将B套智能终端压板退出，A套压板投入，再做主变压器低压侧跳闸试验，此时只有A套智能终端跳闸指示灯亮，B套智能终端跳闸指示灯不亮。验证了低压侧只有一个跳闸线圈，B套通过A套出口的猜想。

3.2.4 故障录波网络结构

全站故障录波分为3个部分，220kV线路故障录波及主变压器故障录波，它们配置于220kV预置舱内，各有有A、B两套。110kV故障录波装置配置于110kV二次设备预制舱内，单套配置。

（1）220kV线路故障录波装置录波220kV两条线路及220kV母联、两个电压互感器。

（2）220kV主变压器故障录波装置对主变压器高中低三侧进行录波。

（3）110kV故障录波装置对110kV的3条线路、2个电压互感器、110kV分段录波。

220kV线路故障录波装置分别通过连接至220kV过程层中心交换机A、B的光纤尾缆实现A、B套独立录波功能。

主变压器故障录波装置数据分别来自相对应的220kV过程层中心交换机和110kV过程层中心交换机。因此，它的信息传输路径为220kV预制舱的主变压器保护A、B屏的110kV过程层交换机级联至对应的110kV预置舱内的110kV过程层中心交换机，再由110kV过程层中心交换机回到220kV预置舱内的主变压器故录装置。

110kV 故录装置只有一个，分两个网口通过光纤收发器将数据配送至220kV线路故障录波交换机A、B。

因此，220kV线路故障录波装置下的每个交换机接收来自于110kV故障录波装置的数据（MMS）、来自于本身的故障录波装置的数据（MMS）、主变压器故障录波装置的数据（MMS）。最后通过Ⅱ区站控层交换机，省、地级调度数据网设备柜Ⅱ区交换机，将数据发送至省、地级调度数据网。

3.3 220kV杉树变电站应用实例

杉树变电站总体情况为电容器无不平衡电压保护，只有差压保护，其原理是利用两组电容分压，比较其两端的电压差值是否达到动作定值。

220kV 和 110kV 预置舱内均配置了两块直流分电屏，分别来自直流馈线的两段。每一块直流分屏上均有两路直流输入，这两路直流均来自同一段直流馈线。正常情况下，只供一路电。

220kV 三相不一致压板设置在智能汇控柜内，一组功能压板（两个），一组出口压板（两个）。

母差保护的 GOOSE 发送软压板中有 I 母线动作软压板、II 母线动作软压板，这两个压板只是用来启动故障录波的，并无其他用处。

杉树变电站只保留了主变压器失灵联跳接收软压板、母差失灵接收软压板，取消了 GOOSE 被动接收软压板和线路远跳软压板。由于 220kV 杉树变电站各保护之间组网关系已在本章前两节有充分介绍，此处就不再赘述。

3.3.1 保护配置情况

（1）220kV 线路保护基本情况见表 3-1。

表 3-1　　220kV 线路保护基本情况

<table>
<tr><th>保护设备名称</th><th>保护屏名称</th><th>装置型号</th><th>保护配置</th><th>保护通道</th></tr>
<tr><td rowspan="9">杉滴线 612</td><td rowspan="6">杉滴线 612 线路保护屏</td><td rowspan="6">WXH-803A
（许继）</td><td>纵联电流差动保护</td><td rowspan="6">专用光纤</td></tr>
<tr><td>快速距离保护</td></tr>
<tr><td>三段式相间距离</td></tr>
<tr><td>三段式接地距离</td></tr>
<tr><td>两段式零序</td></tr>
<tr><td>重合闸</td></tr>
<tr><td rowspan="3">杉滴线 612 线路保护屏</td><td rowspan="3">PSL603U
（南自）</td><td>纵联差动保护</td><td rowspan="3">复用光纤</td></tr>
<tr><td>快速距离保护</td></tr>
<tr><td>三段式距离保护</td></tr>
</table>

续表

保护设备名称	保护屏名称	装置型号	保护配置	保护通道
杉滴线 612	杉滴线 612 线路保护屏	PSL603U（南自）	两段式零序方向保护	复用光纤
			自动重合闸	
攸杉Ⅰ线 606	攸杉Ⅰ线 606 线路保护屏	WXH-803A（许继）	纵联电流差动保护	专用光纤
			快速距离保护	
			三段式相间距离	
			三段式接地距离	
			两段式零序	
			重合闸	
		PSL603U（南自）	纵联差动保护	复用光纤
			快速距离保护	
			三段式距离保护	
			两段式零序方向保护	
			自动重合闸	

（2）110kV 线路保护基本情况见表 3-2。

表 3-2　　110kV 线路保护基本情况

保护设备名称	保护屏名称	装置型号	保护配置	保护通道
杉岳线 506、杉东线 516、杉网线 518	杉岳线 506、杉东线 516、杉网线 518 线路保护屏	NSR-304DAX	纵联电流差动保护	光纤
			三段式相间、接地距离	
			三段式接地距离	
			四段式零序	
			重合闸	

（3）母线保护配置见表 3-3。220kV 母线保护配置两套微机母线保护，110kV 母线配置一套母差保护。

表 3-3　　母 线 保 护 配 置

电压等级	保护设备	保护装置型号	生产厂家
220kV	第一套母线	NSR-371A	南瑞
	第二套母线	PCS-915A	南瑞继保
110kV	母差	NSR-371A	南瑞

（4）主变压器保护。

本站 2 号主变压器两套保护第一套采用了南瑞科技的 NSR-378T2 型微机变压器保护装置，第二套采用了南瑞继保的 PCS-978T2 型微机变压器保护装置。

保护配置情况见表 3-4。

表 3-4　　保护配置情况

	保护功能	段数	每段时限数	备注
主保护	差动速断	—		
	纵差保护	—		
	零序分量差动保护	—		
高压侧保护	复压过流保护	3	3/Ⅰ、Ⅱ 2/Ⅲ	Ⅰ、Ⅱ段带 3 个延时（方向），Ⅲ段带 2 个延时（不带方向）
	零序过流保护	3	3/Ⅰ、Ⅱ 2/Ⅲ	Ⅰ、Ⅱ段带 3 个延时（方向），Ⅲ段带 2 个延时（不带方向）
	间隙电流保护	1	1/Ⅰ	
	零序电压保护	1	1/Ⅰ	
	失灵联跳保护	1	1/Ⅰ	
	过负荷	1	1/Ⅰ	
中压侧保护	复压过流保护	3	3/Ⅰ、Ⅱ 2/Ⅲ	Ⅰ、Ⅱ段带 3 个延时（方向），Ⅲ段带 2 个延时（不带方向）
	零序过流保护	3	3/Ⅰ、Ⅱ 2/Ⅲ	Ⅰ、Ⅱ段带 3 个延时（方向），Ⅲ段带 2 个延时（不带方向）
	间隙电流保护	1	1/Ⅰ	
	零序电压保护	1	1/Ⅰ	
	过负荷	1	1/Ⅰ	
低压 1（2）分支	复压过流	2	3/Ⅰ 3/Ⅱ	Ⅰ段带 3 个延时（方向），Ⅱ段带 3 个延时（不带方向）
	过流保护	1	2	
	零序电压告警	1	1	发告警信号
	过负荷	1	1	发告警信号
公共绕组	零序过流	1	1	
	过负荷	1	1	发告警信号

3.3.2　现场调试应具备的要求

系统及设备安装完毕。与自动化系统相关的二次电缆已施工结束。网络设备安装及通信线缆（铜缆和光缆）已施工结束，通信线缆测试合格并标示正确。现场交直流系统已施工结束，满足现场调试要求。

3.3.3　调试流程

由调试负责单位组织成立现场调试工作组；根据自动化系统工程要求编写现场调试方案和调试报告；现场调试工作组按调试方案开展现场调试工作，并记录调试数据；现场调试工作组负责整理现场调试报告；现场调试工作组向建设、运行单位移交资料；带负荷试验。

3.3.4　现场调试的主要内容

站内网络系统调试；计算机监控系统调试；继电保护系统调试；远动通信系统调试；电能量信息管理系统调试；全站同步对时系统调试；不间断电源系统调试；网络状态监测系统调试；二次系统安全防护调试；采样值系统调试。

当直接从装置端口上测试时，需要插拔装置的光纤，但测试数据的安全隔离比较可靠，可以看到明显断口。

当从交换机端口上测试时，无需插拔装置的光纤，但其他装置需要对应作功能投退操作，例如出线间隔作模拟量测试时，母差间隔需要退出该出线间隔的模拟量处理，避免造成误动事故，此时的安全隔离为软件完成，需要特别注意。

对运行系统装置调试，如果从交换机端口上测试时，可能还要涉及交换机配置的更改。故对运行系统的装置调试，建议：通过插拔装置光纤，直接从装置端口上进行测试，并对应做功能投退操作。

3.3.5　TV并列测试

当母联断路器合闸，需要 TV 并列运行时，站控层向测控装置下发 TV 并列遥控命令；测控装置将 TV 并列遥控命令转成 GOOSE 命令；母线合并单元根据测控装置下发的 GOOSE 命令并结合母联断路器位置和相关隔离开关位置判断，若符合条件则输出并列后的母线电压。

3.3.6 电压切换测试

母线合并单元将母线电压以 4～8 格式分别接入各间隔的合并单元，各间隔合并单元通过GOOSE从交换机上接收本间隔离开关位置信息进行切换，把切换后的电压与线路电压、线路电流同步打包成一帧报文发送出去。

3.3.7 保护测控等装置测试

测试对象：保护、测控装置；智能终端；电能仪表。

测试项目：保护、测控的单体功能；电能仪表功率；IED的GOOSE信息。

测试手段：数字化测试仪；传统测试仪+数字转换装置；系统仿真。

常规变电站试验仪只需要接好线就可以，智能化变电站由于采用的全部是报文，所以除了接好光纤，还需要配置。

3.3.8 检修安全隔离措施

智能变电站信号通过网络进行连接，进行检修试验时，为避免人为事故发生，需要进行安全隔离。安全隔离的措施主要有投退软压板和插拔光纤两种。涉及检修的软压板主要有装置的检修状态压板、母差装置的间隔合并单元检修压板。

装置的检修状态压板可以控制装置 GOOSE 报文中的检修状态位，投入检修状态压板后装置发出的 GOOSE 报文均为检修态报文。对于处于检修状态的装置可以接收检修状态 GOOSE 报文，对于运行状态（未投入检修状态压板）的设备不处理检修状态GOOSE报文。

3.4 110kV君山变电站应用实例

3.4.1 110kV君山变电站全站保护配置

110kV 君山变电站全站保护均由许继电气股份有限公司提供，以下所提各类型保护均由该公司生产。110kV 王君莲Ⅰ线 502 线路、110kV 王君线 504 线路配置 WXH-813 线路保护，同时配置由 BDH-811 站域控制装置提供的备自投保护。110kV 母联 500 配置 WDLK-861 断路器保护，110kV 5×14TV、5×24TV 配置电压并列功能，110kV 1 号主变压器配置 WBH-815 主变压器电量保护、非电量保护，10kV 母线配置由 BDH-811 站域控制装置提供的简易母线保护，10kV 线路配置 WXH-821 线路保护，10kV 电容器配置 WDR-821 电容器保护，10kV 站用变压器配置 WCB-821 厂用变压器保护。图 3-9 和图 3-10 分别为 110kV 君山变电站全站第一套、第二套保护模块化示意图。

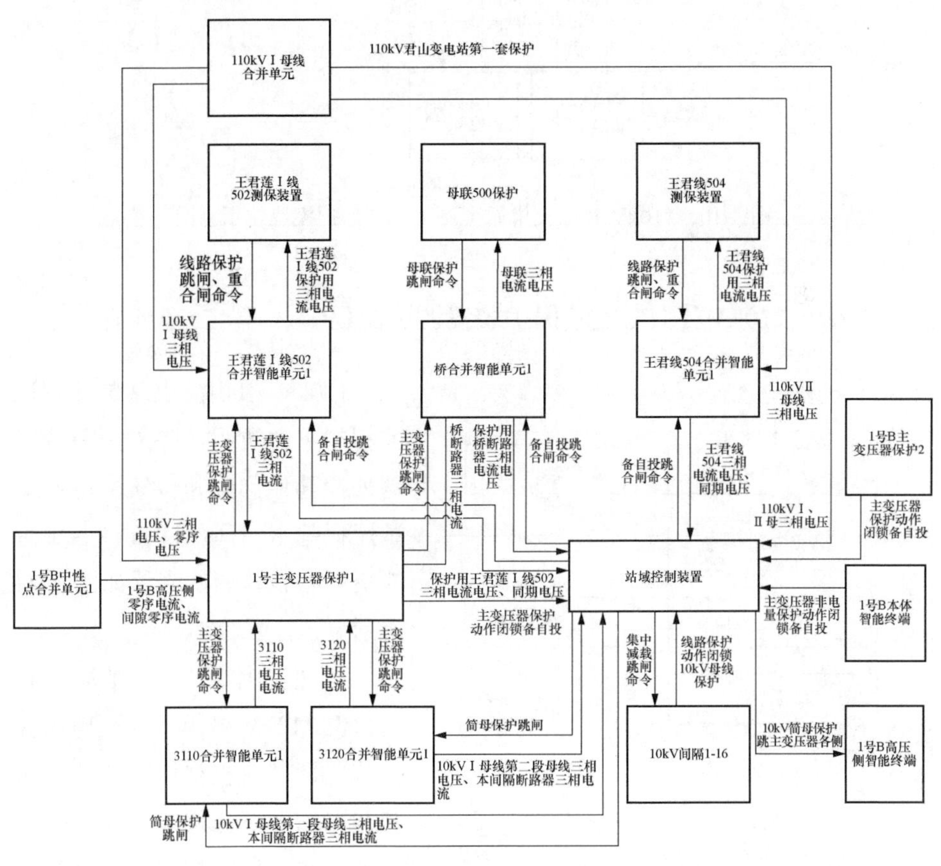

图 3-9　110kV 君山变电站全站第一套保护模块化示意图

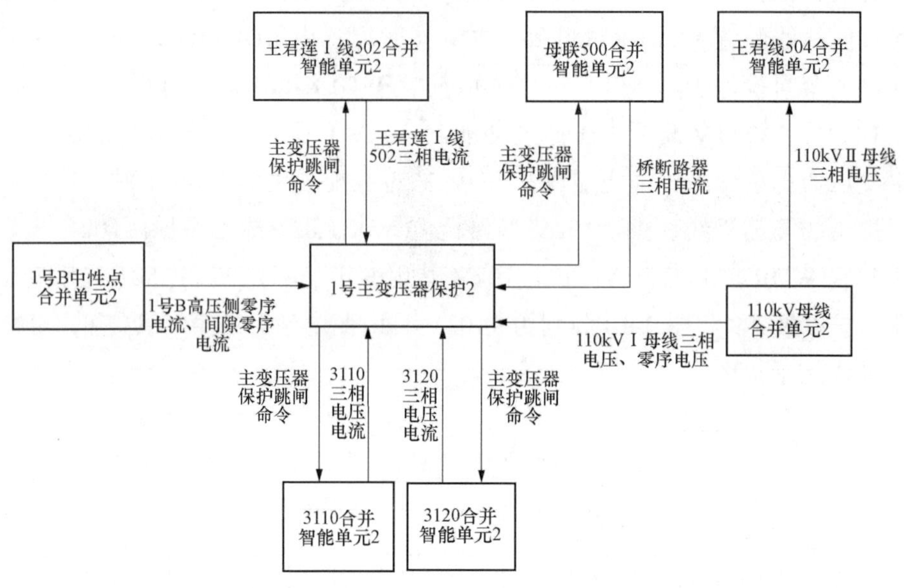

图 3-10　110kV 君山变电站全站第二套保护模块化示意图

3.4.2　110kV君山变电站保护装置调试流程

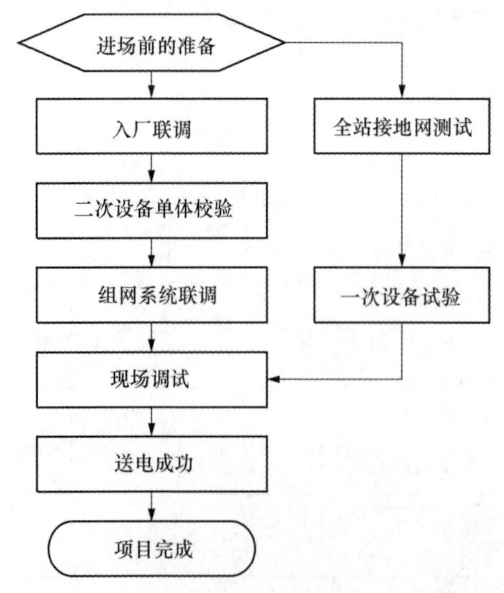

图 3-11　110kV 君山智能变电站整体调试流程图

110kV 君山变电站整体调试流程如下图所示，除入厂系统联调外，其他部分和传统变电站调试流程基本相同。110kV 君山智能变电站整体调试流程如图 3-11 所示。

虽然整体调试流程基本相同，但 110kV 君山智能变电站保护装置调试流程整体上和传统保护装置的调试流程却有比较大的区别，主要原因是调试工具和调试方法发生了质的变化。110kV

君山智能变电站所用调试仪器为武汉凯默电气有限公司的DM 5000E/H手持光数字测试仪及北京博电新力电气股份有限公司的PNF 802智能继电保护测试仪，分别如图3-12和3-13所示。

图3-12 DM 5000E/H手持光数字测试仪

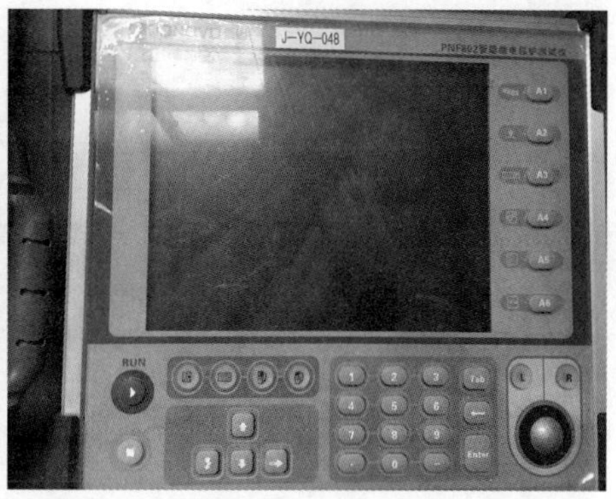

图3-13 PNF 802智能继电保护测试仪

由于110kV君山智能变电站二次系统网络化，需要调试人员明确掌握各保护装置接收和发出的信息流向（上已通过110kV君山变电站全站第一套、第二套保护模块化示意图展示），此信息流需通过解析SCD配置文件可获取，而信息具体由哪根光纤传输还须结合全站网络结构图及保护装置厂家的相关配置软件才能了解，调试工作相对传统变电站来说更为复杂。110kV君山变电站保护装置调试流程如图3-14所示。

调试流程细节说明：

（1）依据虚端子及光缆跳线，明确做具体的何种保护需要从装置的哪个光口加量，明确以后将光缆连接好。

（2）在测试仪中导入相应保护需要的SCD文件、通道和光口，在“系统菜单”中配置好各个输入通道的电流、电压变比。

（3）在相关的测试模块中加入电流、电压和位置信号，查看模拟量和开关量是否能输入装置。如果不能，则查看相应的SV或GOOSE量的APPID地址，在保护装置中找到对应地址的SV或GOOSE量的“链路”和“同步”是否置“1”，二者任意一个未置“1”，测试量就无法正确加入。“链路”不置“1”有以下几点：

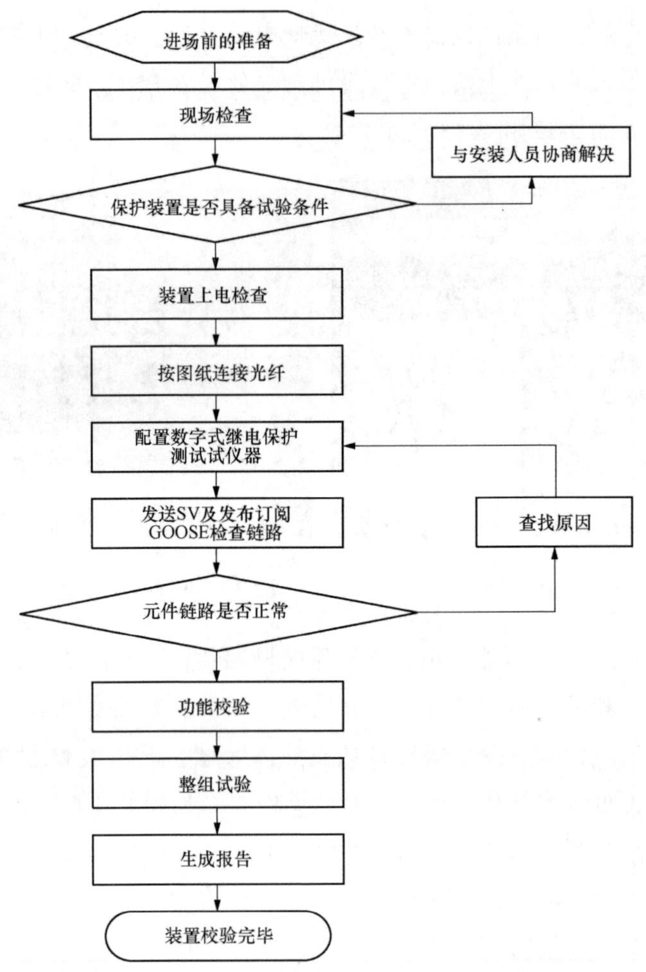

图 3-14　110kV 君山变电站保护装置调试流程

1）APPID 地址和该量输入的光口不匹配，处理方法为重新导入该量的 SCD 文件。“同步”不置“1”则查看 SV 链路信息，查找 SV 是何种原因导致未置“1”，如果丢帧，看是不是同时有两个源头往装置加量（比如测试光纤和实际光纤同时连在装置中，需要拔掉实际光纤）。

2）各量若能正确加入则可进行正常调试，调试前需提前设置好定值、控制字、软压板、运行压板、跳闸矩阵等。

3）调试过程中问题处理思路：无论是调试单体还是整组联调，都要实现闭环。

4）加量：保护装置量加不进或加量不对，首先看 SV 或 GOOSE 链路，其次检查校验仪是否设置正确。

5）做逻辑：量的大小、时间和动作的先后顺序一定要正确。各种保护之间的匹配关系，如主变压器保护闭锁备投，线路保护闭锁备投和主变压器保护，手跳闭锁重合闸，手跳闭锁备投等。

6）验证控制字、软硬压板和跳闸矩阵的正确性。

7）查看装置报文和后台报文，看是否符合保护逻辑，两者是否一致。

8）试验过程出现障碍，首先检查试验方式方法是否正确，再次查找试验仪器的原因，最后怀疑设备缺陷原因。

3.4.3 保护装置调试过程中问题

1. 110kV 2号主变压器保护调试问题

（1）主变压器保护装置报文丢失。在调试过程中，用博电校验仪做主变压器差动保护时，主变压器保护正确动作，报文正确显示。但在用凯默校验仪验证时保护虽正确动作，但差动保护和差动速断有报文丢失的现象。经与厂家人员沟通和现场再次验证，该报文丢失并不影响保护的正常动作，仅在不同校验仪的不同传输方式时会导致该现象。厂家表示不需要修改软件，仅为试验方法和仪器问题，该问题最终未解决。

（2）主变压器保护动作跳低压侧断路器时发开关“偷跳”信号。在进行主变压器保护整组试验时，发现主变压器保护动作跳开低压侧断路器的同时，后台发主变压器低压侧断路器开关“偷跳”信号。1 号主变压器低压侧 3110、3120 均双套配置上海思源电气股份有限公司生产的合智单元，发现此问题后，调试人员立即与该公司联系，经厂家人员检查，该问题为装置偷跳逻辑设计错误，厂家解释无法对软件进行升级且该现象并不影响主变保护正确动作，建议直接屏蔽该信号。

（3）主变压器现场有载调压挡位与后台不一致。调试时发现主变压器挡位后台显示为 23 挡，而现场实际挡位最高也仅为 19 挡。君山变挡位由调挡控制器输送给主变压器本体智能终端，再上送给后台。在检查中发现，君山变配置的调挡控制器其信号电源为24V，而主变压器本体智能终端只能输出±110V，调挡控制器与智能终端不能实现配合工作，导致挡位不一致。后现场改为主变压器本体智能终端直接从调挡机构本体获取挡位，上送给后台，该问题正确解决。

（4）5×16中性点隔离开关不能遥控合闸。在做遥控试验时发现1号主变压器5×16中性点隔离开关不能遥控合闸，经查为装置插件损坏，更换插件后缺陷消除。

2. 110kV线路保护调试问题

（1）手跳未闭锁重合闸、手跳未闭锁备自投。在调试过程中，调试人员对502、504断路器进行手动分闸后，发现断路器立即合闸，动作逻辑错误。后经多方查证，原因是因为站域控制装置对502、504线路也配置了冗余的线路保护（运行后该保护未投入），在手跳时，冗余的线路保护重合闸动作导致断路器合闸。后在现场配置了断路器手动分闸闭锁站域控制装置中线路保护的虚端子，该问题得到解决。后经检查，手跳闭锁备自投的虚端子也未拉，该问题也在现场解决。从这个问题反映出君山变电站的设计、审核缺陷。

（2）智能控制柜“远方/检修/就地”切换把手的“检修”位跨过“五防”系统。在110kVGIS室内的智能控制柜内均设有“远方/检修/就地”的三位置切换把手，当该切换把手至于“检修”位时，断路器的操作回路跨过五防系统，断路器可任意操作。在倒闸操作过程中，该切换把手为倒闸操作的一个操作步骤，若在切换时切换错误或切换不到位（运行人员肉眼观察在“远方”或“就地”，而实际位置停留在“检修”位时），操作过程失去五防控制，就有可能发生误操作事故。该问题在现场未解决。

3. 110kV断路器调试问题

（1）502、504“控制回路断线”信号逻辑错误。路器在合位，在对信号的过程中发现，无论502、504的控制电源快分开关是在合位还是分位，后台总是频发“控制回路断线”，且无法复归。由控制回路断线原理可知［HWJ和TWJ是用的合闸监视继电器（HWJ）和跳闸监视继电器（TWJ）上的两对动断触点，当HWJ和TWJ都闭合时（即两个继电器都失电的情况下，拉开控制电源的空开就失电），该回路导通，测控装置发控制回路断线］，TWJ与HWJ均一直处于失电状态（正常情况下应一个线圈吸合，另一个不吸合）。经现场检查，发现为断路器机构防跳回路串接在了跳闸监视继电器上，导致TWJ不吸合（此时TWJ

与 HWJ 的接点均处于闭合状态），控制回路断线信号回路导通，发“控制回路断线”。经修改接线后缺陷消除。控制回路断线接线如图 3-15 所示。

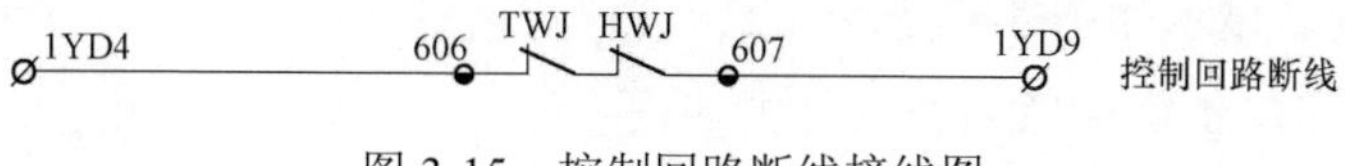

图 3-15 控制回路断线接线图

（2）502 断路器远方、就地都可进行操作。试验时发现 502 断路器无论遥控开关打至就地还是远方，都可操作。后经查线发现 502 断路器操作回路正电跨过了远方/就地切换把手，直接接到了分、合闸公共端，导致该现象。经过改正二次接线，该问题已解决。

（3）500 断路器合闸线圈烧毁。试验过程中，突然发现 110kVGIS 室冒烟，经检查发现 500 断路器合闸线圈烧毁。当时站内交流失压，断路器动作后不能储能，由于串联于合闸控制回路的弹簧未储能接点没有接入实际接点，而是跨过了该接点，导致弹簧未储能时合闸控制回路没有断开。当时试验人员正在试验，故障量长时间加载，导致合闸回路长时间导通，合闸线圈长时间带电烧毁。更换线圈后缺陷消除。

3.4.4 站域控制装置调试问题

1. 备自投被线路有流闭锁，备自投不动作

在对站域控制装置中的“四进线备自投”保护进行调试时，发现备投不动作，装置报文为“备投启动”。检查原因为备自投被跳开线路有流闭锁。调试人员起初怀疑是电子式互感器零漂值过大导致有流闭锁，后经检查电子式互感器的零漂值在合格范围内（低于闭锁值）。调试人员检查调试流程，发现站域保护装置中电流变比设置错误，导致输入保护装置零漂值经错误的变比计算后超过了有流闭锁的定值，设置正确以后校验就正确了。

2. 站域控制装置液晶显示面板备自投充电状态显示不对

站域控制装置液晶显示面板通过如下图所示小电池符号来表示备自投充电状态，实心表示该备自投保护处于充电完成状态，空心表示该备自投保护处于放电状态。调试时发现，无论备自投处于何种状态，该液晶显示屏上的小电池始终处于空心状态，即备自投方式无法通过液晶显示获取。后经厂家

人员查实为保护面板未关联的原因，厂家已安排人员关联该面板，问题得到解决。从这个问题可以反映出生产厂家对产品质量的管控还有待加强。站域控制装置液晶显示如图 3-16 所示。

3. 分段备自投在TV异常时不放电

对分段备自投进行调试时，“TV 异常检测投”控制字投入，“TV 异常不放电投”控制字退出，在 TV 单相断线的情况下分段备自投不放电，反复试验均如此。后经查找说明书发现，仅在 TV 三相断线时分段备自投才放电，单相断线分段备自投不放电。

3.4.5　合并单元调试问题

1. 110kV母线电压并列把手功能不全

在进行 110kV 母线电压并列试验时发现，安装于 110kVⅡ母线 TV 智能控制柜上的并列把手功能不全，并列把手 1 的“Ⅱ母线强制Ⅰ母线”及并列把手 2 的“Ⅰ母线强制Ⅱ母线”功能不能实现。后经查图纸及现场发现，是由于并列把手 1 的“Ⅱ母线强制Ⅰ母线”及并列把手 2 的“Ⅰ母线强制Ⅱ母线”后的二次线未接，之所以未接线是由于设计图上这两个并列把手均只有两个挡位：强制解除/Ⅱ强制Ⅰ母线（Ⅰ母线强制Ⅱ母线），但现场这两个把手均配置了 3 个挡位，接线人员按照设计图接线导致该问题。实则为许继公司设计与西开公司产品不一致，其实现场只要用一个西开公司的并列把手并完善接线即可实现全部并列功能。110kV 母线电压并列把手如图 3-17 所示。

BDH-811站域保护控制装置　18:39:32

110kV备自投	备自投方式
▭	进线一自投
▭	进线二自投
▭	进线三自投
▭	进线四自投
▭	分段自投
10kV备自投	备自投方式
▭	分段自投
110kV重合闸	线路名称
▭	线路 L5
▭	线路 L6
▭	线路 L3
▭	线路 L4

图 3-16　站域控制装置液晶显示示意图

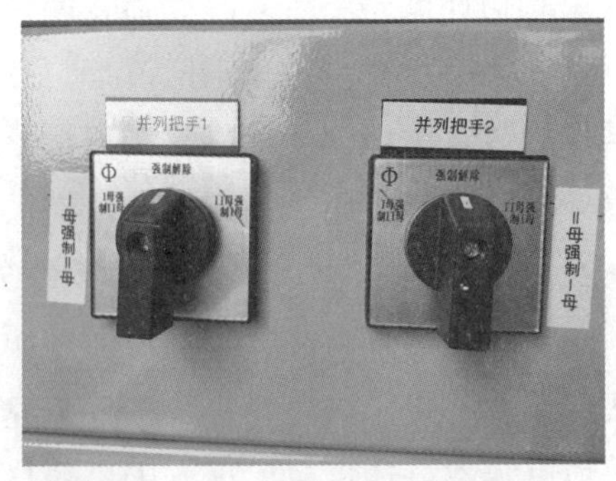

图 3-17　110kV 母线电压并列把手图

2. 网络分析仪显示504合并单元SV抖动超标

在网络分析仪上观察，发现网络分析仪显示504合并单元SV抖动超标：采样偏差大于±10μs 的超过了 10%，不符合标准规定。SV 采样正常频率为4000Hz，即每个采样间隔 250μs。现场推测，因网络分析仪该采样值经过了两个交换机，怀疑为交换机延时导致，后将主变压器保护装置直采504SV信号的光纤接至网络分析仪进行验证，采样100%合格。此现象表明网络分析仪只能作为一个辅助工具进行站内通道、数据分析，因输入至网络分析仪的数据都经过了多个交换机，由于交换机存储转发的工作原理，很有可能会出现延时及数据丢失现象。

3.4.6 10kV线路调试问题

1号和2号分段隔离柜三工位隔离开关操作失败。

试验时发现1号和2号分段隔离柜三工位隔离开关操作失败，经现场检查，是由于分段隔离柜操作回路预留了300联锁回路，本期工程并未上300母联断路器，但现场并未将这个联锁接点短接导致操作失败。现已现场短接该接点，缺陷消除。

3.5 智能变电站二次安全措施可视化设计及应用

由于智能变电站的二次系统的改变，二次安全措施也发生了很大的变化。传统变电站中在继电保护检验及二次回路上工作时，凡与其他运行设备二次回路相连的连接片和接线均有明显标记，并按安全措施票仔细地将有关回路断开或短路。智能变电站中检修设备与其他运行设备的联系已经不依靠电缆，连接片和二次接线都已经消失，设备间的联系主要依靠光纤或网线组成的网络，如果不破坏网络结构，在物理上就不能完全将检修设备和运行设备隔离。现在要实现有效的隔离，不能在回路上下功夫，而是转变为对装置进行各种设置，改变信息发送方和接收方的状态，即采用投入检修压板、退出装置软压板、出口硬压板以及断开装置间的连接光纤等方式，才能避免误跳运行回路等情况发生。但由于目前运维人员对智能变电站了解有限，执行上述二次安全措施存在较大困难，为给运维人员填写倒闸操作票及执行二次安措提供技术支持，借此次 110kV 智能变电站建设投产之际，展开智能变电站二次安全措施可视化设计及应用并取得良好成果。该成果与变电站后台监控系统实现良好对接，置于“MCS8500 智能变电站监控系统”中，具备以下功能：

（1）以装置为核心显示该装置与其他装置二次回路连接情况。

（2）明确标识二次回路中信息流内容，并能直观显示信息流发送方和接收方。

（3）直观方式区分软压板的投、退状态。

（4）装置检修压板应以图形方式展现在装置框内，并以直观方式区分检修压板的投、退状态。

（5）装置名称、软压板名称与调度双重化命名一致。

（6）可进行远方投退软压板操作。

（7）智能变电站二次安全措施可视化示例如图 3-18 所示，具体图纸请参见附录 A、附录 B。

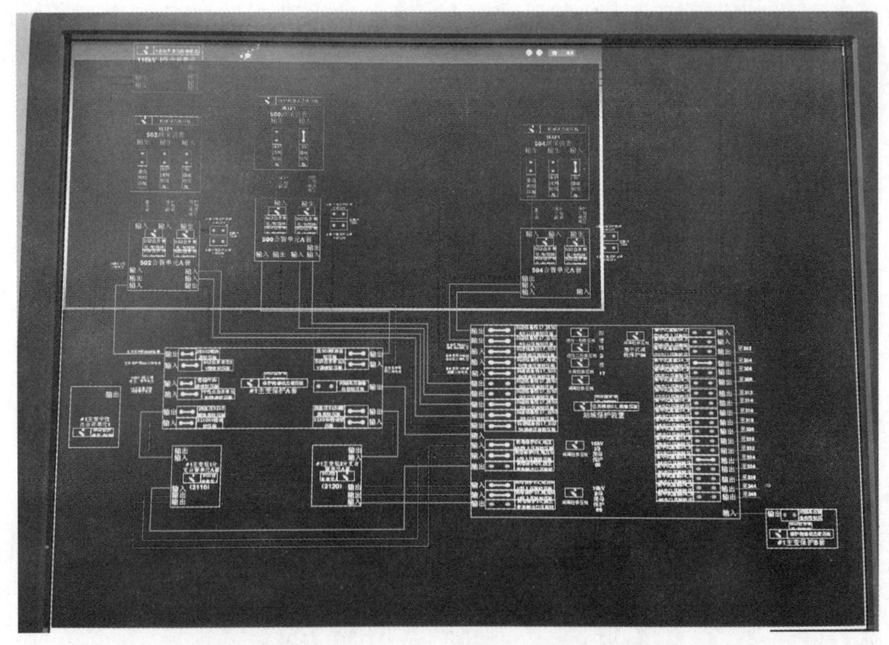

图 3-18　智能变电站二次安措可视化示意图

第4章 智能变电站防止误操作逻辑

智能变电站的“五防”[“五防”是指防止误入带电间隔、防止误拉（合）断路器、防止带负荷拉（合）隔离开关、防止带电合接地开关（挂接地线）、防止带接地开关（接地线）送电]与传统变电站有所不同，智能变电站的“五防”较常规变电站更加完善。

在常规变电站中，“五防”逻辑的实现由间隔层及站控层两层实现，间隔层“五防”中，任一电气设备的电气联锁是将需要对该设备操作进行闭锁的所有相关设备的辅助接点（硬接点）串联在该设备操作控制回路中来实现的。站控层由独立的“五防”主机完成，“五防”主机一般是单向采集设备位置数据，并不具备顺序控制等高级功能。

传统的间隔“五防”由于主设备操作回路中串联了太多的辅助接点，造成设备操作回路二次接线复杂、可靠性差，无论是辅助接点切换异常还是二次接线接触不良，都会造成主设备操作回路断线而操作失败。

相比于传统“五防”，智能变电站的“五防”系统由站控层“五防”、间隔层“五防”，这里的间隔“五防”，指的是测控装置“五防”，还有机械“五防”锁具（过程层“五防”）组成。

4.1 站控层“五防”

站控层“五防”能够校验远方控制命令行为逻辑，判断一次设备操作顺序的正确性，控制遥控命令的发送，与“五防”机械锁具配合实现现场一次设备及操作机构箱门的闭锁。站控层“五防”还可以配合实现顺序控制，顺序控制就是一键操作，计算机自动执行准确的一系列操作指令。这里主要讨论下间隔层“五防”。

4.2 间隔层“五防”

间隔层“五防”的逻辑存储在测控装置中，从图中可以看出，测控装置通过过程层网络获得一次设备的位置状态信息（智能终端上传的 GOOSE 信号），并做出逻辑判断，得到每个操作回路的分合结果，并将闭锁逻辑的判断结果传送给智能终端和监控系统主机（分别经过过程层交换机和站控层交换机），不仅能控制监控系统主机遥控命令的发送，实现设备远方操作闭锁，而且能够开合操作设备的电气控制回路，实现就地闭锁，并且只需要一个接点，便能实现复杂的逻辑。

如此一来，只需要用一对接点，便可实现一次设备操作回路的闭锁，极大地简化了设备操作回路的二次接线。跨间隔的“五防”逻辑实现，只需测控装置在间隔层中采集其他相关间隔数据即可，无需将过多的辅助节点引入防误主设备的控制回路。间隔层“五防”逻辑如图 4-1 所示。

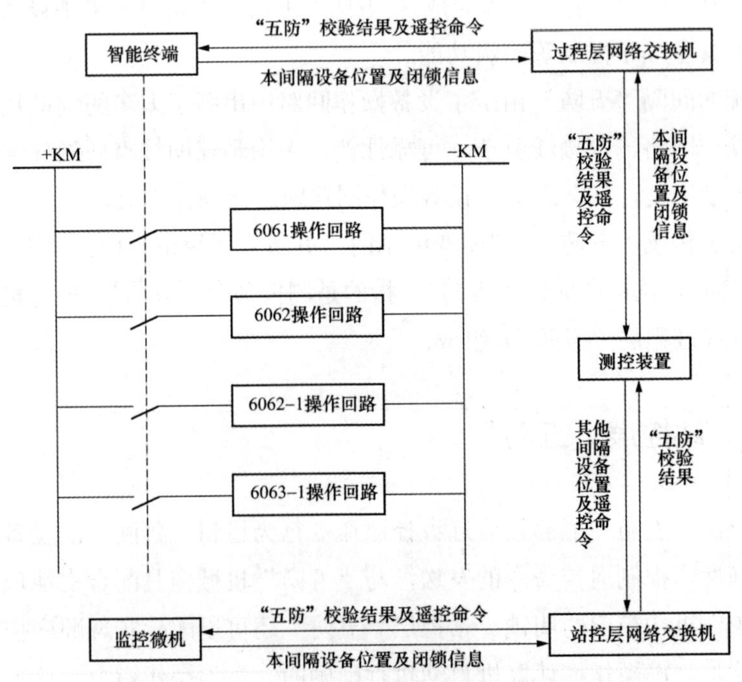

图 4-1　间隔层“五防”逻辑图

不过要说明的是，杉树变电站除了采用了智能变电站站控“五防”和间隔“五防”外，仍然保留了传统变电站的硬接点电气联锁，其二次接线仍然比较复杂，集中在各间隔的智能汇控柜和端子箱中。

4.3 过程层“五防”

过程层“五防”，主要是指开关柜、地桩、网口等设备上的机械锁或电气编码锁，用来防止操作人员误操作、误入间隔。另外随着智能终端的普及，一方面可采集并上传隔离开关位置、开关状态等遥信量，另一方面可接收来自测控装置的指令，并通过其在断路器、隔离开关、可遥控电源空气开关等电气一次设备的控制回路 中串入的闭锁节点实现过程层的防误；为防止智能终端与上层通信中断，在智能终端上设置万能钥匙，实现强制解锁，允许运行人员进行紧急就地操作。

4.4 “五防”逻辑

动合触点就是：在常态（不通电）的情况下处于断开状态的触点。这样的触点一通电就会闭合。

动断触点就是：在常态（不通电、无电流流过）的情况下处于闭合状态的触点。这样的触点一通电就会断开。

智能变电站的间隔测控“五防”逻辑回路与传统硬接点回路不同，没有动断、动合接点概念，但是为了方便，这里还是按照传统的逻辑回路讲，只是实现方式不同而已。

下面以几个典型间隔为例，分析间隔测控装置中“五防”逻辑的设置。

4.4.1 220kV线路间隔

先以220kV攸杉Ⅰ线606间隔为例，分析220kV杉树变的电气联锁逻辑。如图4-2所示，先看最上面一条回路。

6061隔离开关分合闸回路串联了这几个接点：

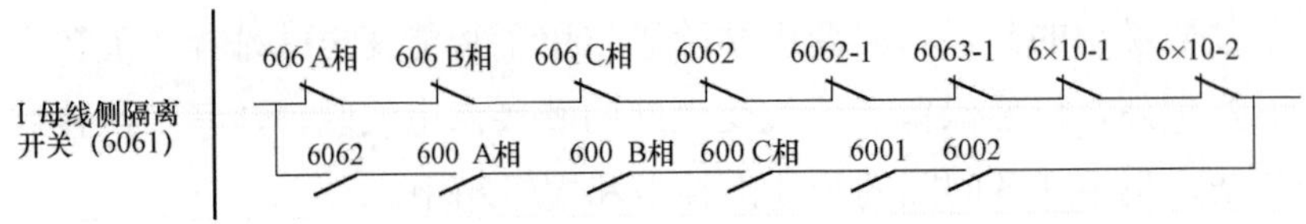

图 4-2　220kV 攸杉Ⅰ线 6061 隔离开关电气联锁逻辑

（1）606 间隔开关的动断接点。也就是说，开关在合位的时候，6061 隔离开关不能分合闸，以防止带负荷分合隔离开关。

（2）接地刀闸 6062-1 和 6063-1 的动断触点。也就是说，6062-1 或 6063-1 接地刀闸在合位的时候，6061 隔离开关不能合闸，以保证不会有电从其他间隔经母线到本间隔构成回路接地。判 6063-1 的原因是因为开关的触点不是很可靠，可能会误动，这样一来如果 6061 隔离开关和 6063-1 都合上就导通了，这也是一个电气连接部分。

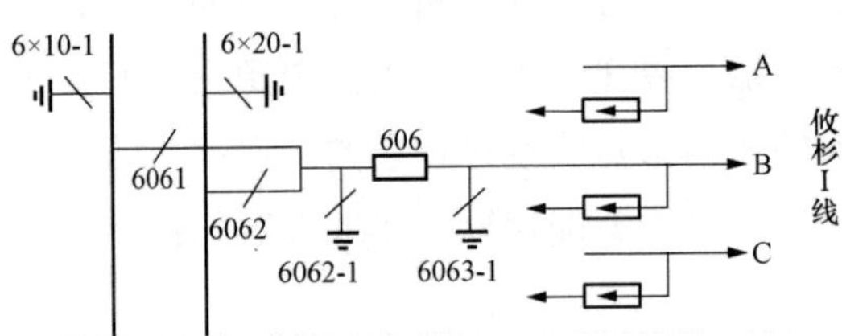

图 4-3　220kV 攸杉Ⅰ线 606 间隔一次接线图

（3）一母两副隔离开关 6X10-1、6X10-2 的动断触点。也就是说，6X10-1 或 6X10-2 接地刀闸在合位时，6061 隔离开关不能合闸，以保证不会有电从本间隔经母线到母线接地刀闸构成回路接地。

但是有个问题需要考虑，即假设 6061 隔离开关串入 606 开关的动断触点，那么 606 在合位，线路切换母线的时候，6061 无法分闸、6062 无法合闸，即无法完成所谓的“热倒”。

常规变电站对此的处理是在 6063 刀回路中串入 606 动断触点，而在 6061 隔离开关与 6062 隔离开关回路中不串入 606 触点，因为我们的线路停电的操作必须满足先拉负荷侧隔离开关，再拉母线侧隔离开关，因此在负荷侧隔离开关回路串入 606 合位的话可以实现这一闭锁，同时又不影响母线倒闸的实现。

但问题是为了节约用地，杉树变电站省去了出线侧 6063 隔离刀闸，为此，通过间隔“五防”，我们在母线侧隔离开关 6061 分合闸回路中并入了一条有

600 母联开关动合触点以及 6001、6002、6062 的动合触点回路，即如果在互联状态，且 6062 隔离开关在合位，6061 隔离开关即可分闸，无需考虑 606 开关在合位。

母线侧隔离开关的接地刀闸 6062-1 逻辑回路图 4-4 所示，只需串入 6061 和 6062 隔离开关的动断触点即可，不需要串入 606 开关触点，以防止开关合位的时候分合 6062-1 接地刀闸，因为正常运行情况下，不存在断路器在合位的时候，两副母线隔离刀闸在分位的情形，所以串入两副母线隔离刀闸的动断触点即可。母线侧接地开关电气联锁逻辑如图 4-4 所示：

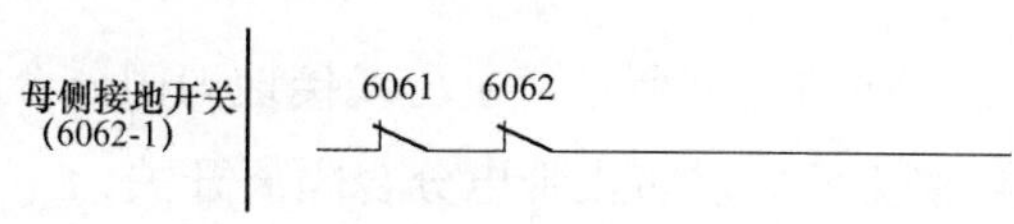

图 4-4　母线侧接地开关电气联锁逻辑

其他线路间隔的情形与此相同，不再赘述。这里再次强调的是，上述的动合动断触点实际在测控间隔“五防”中是不存在的，间隔“五防”的逻辑是以报文形式存在测控装置中进行运算判断的，这里的触点相当于是虚触点。

4.4.2　主变压器间隔

主变压器间隔的接地开关逻辑回路有所不同，如图 4-5 所示。

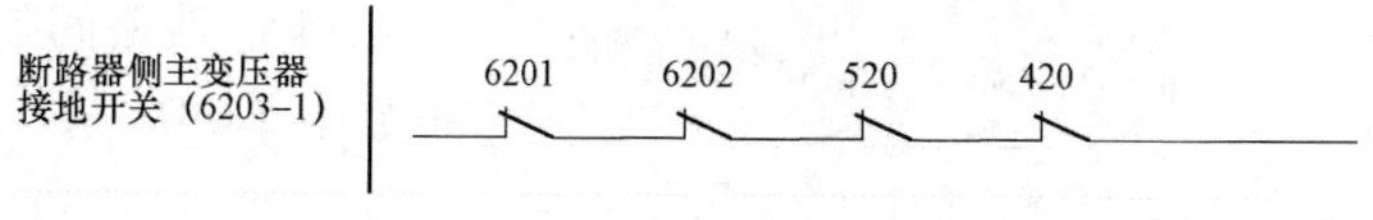

图 4-5　主变压器间隔电气联锁逻辑

主变压器间隔一次接线图如图 4-6 所示。

可见，主变压器间隔接地刀闸回路串入了 520 开关和 420 开关，即中压侧和低压侧开关，其目的是为了防止高压侧断路器接地刀闸分合闸时，中压侧或低压侧线路反送电，导致带电分合闸。

4.4.3　TV间隔

TV 间隔电气联锁逻辑如图 4-7 所示。

与其他间隔不同的是，TV 间隔没有开关，因此只要串入母线接地开关

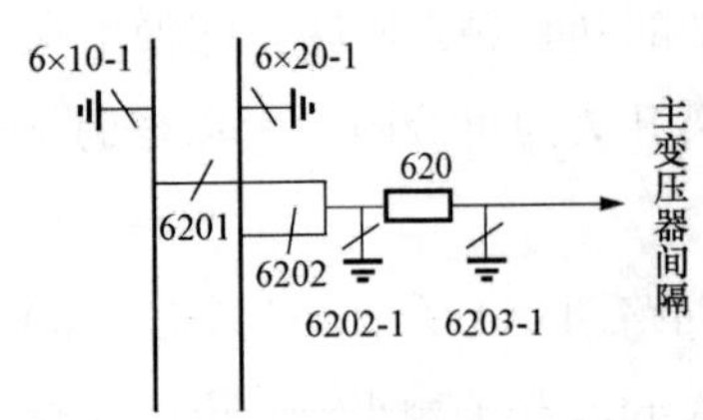

图 4-6　主变压器间隔一次接线图

6X10-1、6X10-2 动断触点以及本身的接地刀闸 6X14-1 即可。

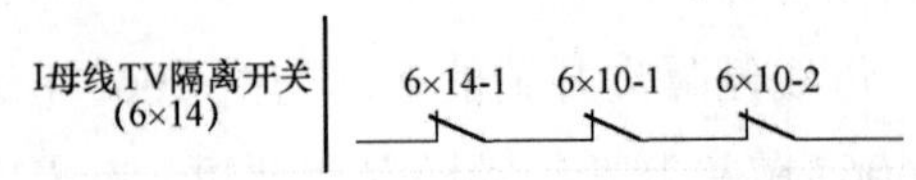

图 4-7　TV 间隔电气联锁逻辑

4.4.4　母线接地刀闸

如图 4-8 所示，Ⅰ母线接地刀闸分合闸逻辑回路串入了所有间隔的Ⅰ母线侧刀闸，以防止带电分合隔离开关。

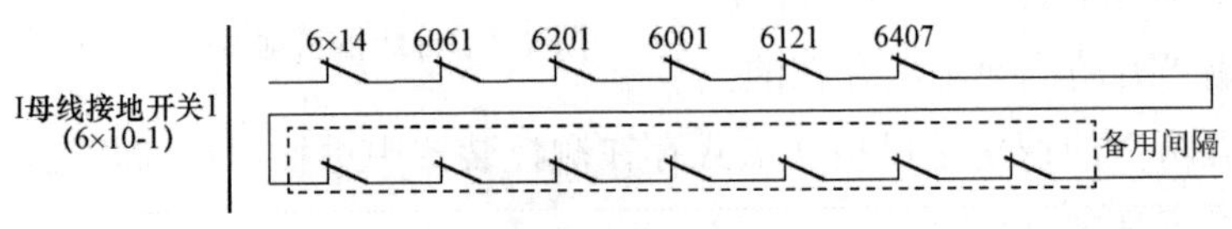

图 4-8　母线接地刀闸电气联锁逻辑

4.4.5　110kV线路间隔

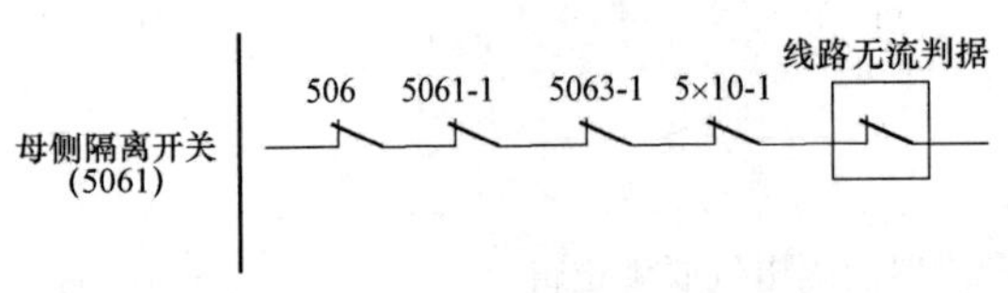

图 4-9　110kV 线路 5061 隔离开关电气联锁逻辑

110kV 线路间隔电气联锁逻辑如图 4-9 所示。

这里要说明的是：为节约用地，Ⅰ母线 TV 间隔和 506 线路间隔共用一个间隔。

由于 110kV 是单母线分段接线，不存在倒母线的情况，因此 5061 母线侧隔离开关无需判母联，只需串入 506 开关动断触点，以及 506 间隔所有接地刀闸动断触点，包括接地刀闸 5X10-1 动断触点。

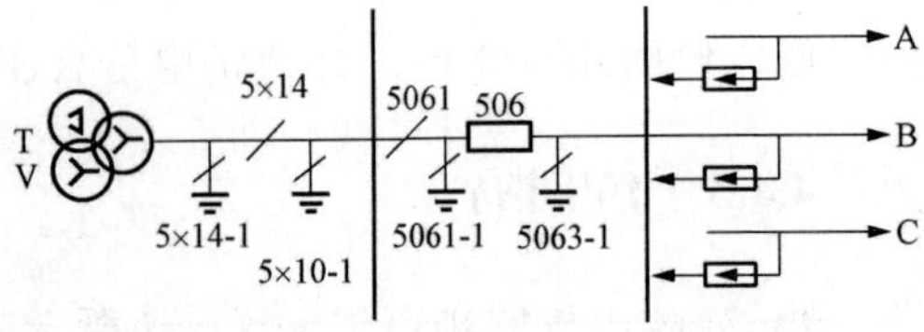

图 4-10　110kV 线路间隔一次接线图

220kV 杉树变电站本期只有一台 2 号主变压器，带两段 110kV 母线互联运行，因此杉岳线5061应该判母联隔离开关的合位，以防止带负荷拉5061隔离开关，但这里是通过判线路无电流直接实现闭锁的，这和220kV出线的母线侧隔离开关逻辑联锁回路是不同的。

4.5 验收内容

4.5.1 智能变电站“五防”系统验收主要包括内容

（1）间隔层（测控装置）“五防”闭锁逻辑验收：间隔“五防”闭锁逻辑应正确，能满足各种运行方式及设备运行状态下的安全要求。

（2）站控层“五防”逻辑验收：站控层“五防”闭锁逻辑应正确，能满足各种运行方式及设备运行状态下的安全要求。

（3）间隔层（测控装置）“五防”功能验收：间隔层“五防”应能够可靠闭锁/开放设备的远方遥控操作和就地操作，当违反操作逻辑时，除了能闭锁遥控操作和就地操作外还应发出明确的告警信息，并且在测控装置、测控装置检修压板投入或与智能终端的通信中断时不能失去闭锁功能；另外间隔层“五防”应具备可控的退出手段。

（4）站控层“五防”功能验收：站控层“五防”应能够可靠闭锁/开放设备的远方遥控，当违反操作逻辑时，除了能闭锁遥控操作外还应发出相应的明确的告警信息，应具备在主接线图上进行模拟操作生成操作票，以及从模板票、典型票或者历史票导入生成操作票等多种操作票生成方式；站控层“五防”系统应具备向电脑钥匙传送操作票、操作预演“五防”校验、操作票打印、操作票作废、站控层“五防”退出等功能，应允许存在多组没有逻辑关系的合闸操作任务。

（5）电脑钥匙及“五防”锁具验收：“五防”锁具应安装合理、方便操作，具有防锈死能力。电脑钥匙应能正确无误地接收“五防”主机下装的操作票，能够记忆存储当前执行的操作票，具有口令设置、试听主意、调节液晶对比度、背光、电池电量显示、锁编码检查、中止当前的操作票、跳步等功能，一把电脑钥匙在同一时间段内只能接受一个操作任务。

4.5.2 验收“五防”系统时特别注意

（1）间隔层“五防”及站控层“五防”投退措施的设置应符合相关运行管理规定。

（2）间隔层和站控层“五防”应相互独立，逻辑一致，验收传动应分别进行。

（3）“五防”传动验收时，应保证站控层“五防”和间隔层（测控装置）“五防”中只有一套“五防”处于工作（投入）状态。

（4）“五防”传动验收时不仅应传动符合“五防”要求的情况，而且还应对不符合“五防”逻辑的情况进行传动试验，保证“五防”闭锁功能确实存在。

（5）“五防”传动验收时应对每一个闭锁条件逐一进行试验，即在传动试验时保证所试验的逻辑中有且只有一个闭锁条件存在。

（6）“五防”验收传动时除采用远方防逻辑外，还应就地操作检验各个“五防”逻辑的正确性。

第 5 章

异常处理案例

5.1 常见异常信号分析

在 220kV 杉树变电站核对信号过程中，我们总结出一些常见信号是如何做出来的，在平时的运行过程中，出现这些异常信号的时候，我们应该如何处理。

5.1.1 SV告警、链路中断

处理方法：拔合并单元组网光纤。

5.1.2 智能终端GOOSE告警

处理方法：拔智能终端直跳的收光纤。

5.1.3 合并单元、智能终端对时异常

处理方法：拔相应的对时 IRIG-B 光纤，合并单元还需要重启。

5.1.4 检修不一致

处理方法：智能终端、合并单元检修压板一投入一不投入。

5.1.5 SV总告警

处理方法：拔合并单元母线电压级联光纤。

5.1.6 合并单元GOOSE总告警

处理方法：拔合并单元组网收光纤。

5.2 常见异常处理意见

常见异常现象和处理意见见表 5-1。

表 5-1　　　　常见异常现象和处理意见

告警报文名称	指示灯					是否闭锁保护功能	含　义	处理意见	备注
	运行	报警	TV断线	通道1异常	通道2异常				
装置闭锁	○	●	×	×	×	是	装置闭锁，所有保护功能退出	退出保护，通知厂家检查	
定值超范围	○	●	×	×	×	是	定值超出可整定的范围，所有保护功能退出	请根据说明书的定值范围重新整定定值	
定值项变化报警	○	●	×	×	×	是	当前版本的定值项与装置保存的定值单不一致，所有保护功能退出	退出保护，通过“定值设置”->“定值确认”菜单确认；通知厂家处理	
保护 TV 断线	×	●	●	×	×	是	三相电压相量和大于8V，保护不启动，延时1.25s发告警信号，三相电压相量和小于8V，但正序电压小于33V时延时1.25s发告警信号。保留工频变化量阻抗，其门槛提高至1.5U_n；退出距离保护，自动投入TV断线相过流和TV断线零序过流保护。零序过流II段退出，零序过流III段不经方向控制	如果是操作引起的，不必处理。如果正常运行过程中报警，检查保护 TV 二次回路	
同期 TV 断线	×	●	×	×	×	是	当重合闸投入且处于三重方式，如果装置整定为重合闸检同期或检无压，则要用到同期电压，开关在合闸位置时检查输入的同期电压小于40V经10s延时发告警信号。三相重合闸功能退出	如果是操作引起的，不必处理。如果正常运行过程中报警，检查线路 TV 二次回路	

续表

告警报文名称	指示灯					是否闭锁保护功能	含　义	处理意见	备注
	运行	报警	TV断线	通道1异常	通道2异常				
TV 断线	×	●	×	×	×	是	条件 1：自产零序电流小于 0.75 倍的外接零序电流，或外接零序电流小于 0.75 倍的自产零序电流，延时 200ms 发告警信号；条件 2：有自产零序电流而无零序电压，且至少有一相无流，则延时 10s 发告警信号。在装置总启动元件中不进行零序过流元件启动判别，零序过流保护Ⅱ段不经方向元件控制，退出零序过流Ⅲ段。差动保护由“TA 断线闭锁差动”控制字来决定是否闭锁	检查 TA 外回路是否异常	
跳闸位置开入异常	×	●	×	×	×	是	线路有电流但 TWJ 动作，或三相不一致，10s 延时报警，不影响保护功能	通知检修人员检查 TWJ 回路	
重合方式整定错	×	●	×	×	×	是	单相重合闸、三相重合闸、禁止重合闸和停用重合闸中有且仅有一个控制字置“1”，否则告警，按停用重合闸处理	检查重合闸方式控制字是否仅有 1 项置 1	
远跳异常	×	●	×	×	×	是	发远跳开入或收远跳信号超过 4s 发告警信号，告警后闭锁远跳功能，即使接收到远跳命令也不跳闸	检查本侧或者对侧装置的远跳回路是否有远跳信号长期开入，退出远跳保护	
纵联通道 1 无有效帧	×	●	×	●	×	是	纵联通道 1 在 400ms 内收不到对侧数据，保护装置接收不到正确数据就退出通道 1 差动保护，接收正常数据后自动投入通道 1 差动保护	检查通道 1，主要是本侧接收—对侧发送这一条路由，退出差动保护	

续表

告警报文名称	指示灯					是否闭锁保护功能	含　义	处理意见	备注
	运行	报警	TV断线	通道1异常	通道2异常				
纵联通道1识别码错	×	●	×	●	×	是	装置纵联通道1收到的识别码与定值中的对侧识别码定值不符。保护装置接收不到正确数据就退出通道1差动保护，接收正常数据后自动投入通道1差动保护	检查通道1，主要是本侧接收—对侧发送这一条路由，同时检查识别码定值是否整定有误，退出差动保护	
纵联通道1严重误码	×	●	×	●	×	是	纵联通道1误码率超过10～5告警，保护装置接收不到正确数据就退出通道1差动保护，接收正常数据后自动投入通道1差动保护	检查通道1，主要是本侧接收—对侧发送这一条路由，退出差动保护	
纵联通道1异常	×	●	×	●	×	是	通道1无有效帧或者识别码错。保护装置接收不到正确数据就退出通道1差动保护，接收正常数据后自动投入通道1差动保护	检查通道1，退出差动保护	
通道1差动退出	×	●	×	×	×	是	保护启动后，若通道1出现误码或丢帧发告警信号，通道1差动保护退出	检查通道1	
通道1长期有差流	×	●	×	×	×	是	通道1实际差流超过差动保护定值延时10s发告警信号，由“TA断线闭锁差动”控制字来决定是否闭锁差动保护	检查本侧或对侧TA回路	
同期电压采样出错	×	●	×	×	×	是	接收到异常的同期电压采样值，三相重合闸功能退出	检查合并单元、电子式互感器	
检修状态告警	×	●	×	×	×	是	用于数字化站的保护装置（-D系列）投入检修压板时报警。保护检修状态与某条GOOSE链路检修状态不一致时，相关GOOSE链路开入无效，相关保护用开入（除跳闸位置	提醒操作人员目前保护装置处于检修状态，请确认检修压板是否应该投入	

续表

告警报文名称	指示灯					是否闭锁保护功能	含义	处理意见	备注
	运行	报警	TV断线	通道1异常	通道2异常				
检修状态告警	×	●	×	×	×	是	外）清零处理，跳闸位置保持不一致前状态。保护检修状态与某条SV链路检修状态不一致时，闭锁相关SV链路电气量保护	提醒操作人员目前保护装置处于检修状态，请确认检修压板是否应该投入	
采样通道延时异常	×	●	×	×	×	是	从合并单元读取的采样通道延时出现以下情况报“采样通道延时异常”：（1）前后两次连接的合并单元采样通道延时不一致；（2）延时为零；(3)延时超过3000us；闭锁纵联差动保护	检查合并单元发出的采样通道延时是否不变且不为0。双母线接线单合并单元接收时，退出差动保护，二分之三接线多间隔合并单元接收时，退出保护	
保护电流SV采样无效	×	●	×	×	×	是	保护用电流收到无效的采样数据，闭锁电流类相关保护	检查保护电流相关合并单元至保护光纤是否正常；保护电流相关合并单元发送数据的品质是否正常；保护电流相关合并单元与保护装置的检修压板是否一致。退出电流类相关保护	
保护电压SV采样无效	×	●	×	×	×	是	保护用电压收到无效的采样数据，闭锁电压类相关保护	检查保护电压相关合并单元至保护光纤是否正常；保护电压相关合并单元发送数据的品质是否正常；保护电压相关合并单元与保护装置的检修压板是否一致。退出电压类相关保护	
同期电压SV采样无效	×	●	×	×	×	是	重合闸用同期电压收到无效的采样数据，闭锁检同期、检无压重合闸功能	检查同期电压相关合并单元至保护光纤是否正常；同期电压相关合并单元发送数据的品质是否正常；同期电压相关合并单元与保护装置的检修压板是否一致。三重情况投入检同期、无压时，退出重合闸功能	

续表

告警报文名称	指示灯					是否闭锁保护功能	含　义	处理意见	备注
	运行	报警	TV断线	通道1异常	通道2异常				
保护电流SV采样失步	×	●	×	×	×	是	保护用电流失步，闭锁电流类相关保护	点对点采样方式下，检查保护电流相关合并单元的采样延时是否正常；组网采样方式下，检查保护电流相关合并单元的对时功能是否正常。退出电流类相关保护	
同期电压SV采样失步	×	●	×	×	×	是	重合闸用同期电压与保护用电压失步，闭锁检同期重合闸功能	点对点采样方式下，检查同期电压、保护电压相关合并单元的采样延时是否正常；组网采样方式下，检查同期电压、保护电压相关合并单元的对时功能是否正常。三重情况下投入检同期、无压时，退出重合闸功能	
保护电流电压SV采样失步	×	●	×	×	×	是	保护用电流与电压失步，闭锁距离保护、工频变化量保护，其余处理等同TV断线	点对点采样方式下，检查保护电流、保护电压相关合并单元的采样延时是否正常；组网采样方式下，检查保护电流、保护电压相关合并单元的对时功能是否正常。按TV断线处理	
差动用电流SV采样失步	×	●	×	×	×	是	差动保护用电流失步，闭锁纵联差动保护	点对点采样方式下，检查保护电流相关合并单元的采样延时是否正常；组网采样方式下，检查保护电流相关合并单元的对时功能是否正常。退出差动保护	
启动电流SV采样失步	×	●	×	×	×	是	启动用电流失步，闭锁电流类启动元件	点对点采样方式下，检查启动电流相关合并单元的采样延时是否正常；组网采样方式下，检查启动电流相关合并单元的对时功能是否正常。退出电流类相关保护	

续表

告警报文名称	指示灯					是否闭锁保护功能	含　义	处理意见	备注
	运行	报警	TV断线	通道1异常	通道2异常				
启动电压SV采样无效	×	●	×	×	×	是	保护用电流收到无效的采样数据，闭锁电压类启动元件	检查启动电压相关合并单元至保护光纤是否正常；启动电压相关合并单元发送数据的品质是否正常；启动电压相关合并单元与保护装置的检修压板是否一致。退出电压类相关保护	
“XXX链路”SV_A（B）网链路出错	×	●	×	×	×	是	“XXX链路”SV_A（B）网断链，该链路数据置无效	检查采样“XXX链路”。根据上述保护\启动电压电流采样无效报警退出相关保护处	
“XXX链路”SV_SMV数据出错	×	●	×	×	×	是	“XXX链路”采样插值出错，该链路数据置无效	检查“XXX链路”MU是否故障。根据上述保护\启动电压电流采样无效报警退出处理	
“XXX链路”SV_时钟同步丢失	×	●	×	×	×	是	组网采样方式下，“XXX链路”MU丢失同步信号，该链路数据置失步	检查“XXX链路”MU是否故障。根据上述保护\启动电压电流采样无效报警退出相关保护处理	
“XXX链路”SV_采样数据无效	×	●	×	×	×	是	“XXX链路”MU有通道数据置无效，该链路数据置无效	检查“XXX链路”MU是否故障。根据上述保护\启动电压电流采样无效报警退出相关保护处理	
“XXX链路”SV_通道抖动异常	×	●	×	×	×	是	“XXX链路”MU帧间隔抖动异常，该链路数据置无效	检查“XXX链路”MU是否故障。根据上述保护\启动电压电流采样无效报警退出相关保护处理	
“XXX链路”SV_通道延迟变化	×	●	×	×	×	是	“XXX链路”MU的通道延迟时间发生变化，或通道延迟超3ms上限，该链路数据置失步	（1）检查MU运行是否正确；（2）如果需要重新确认更改后的通道延迟时间，则重启保护。根据上述“采样通道延时异常报警”退出相关保护处理	

续表

告警报文名称	指示灯					是否闭锁保护功能	含　义	处理意见	备注
	运行	报警	TV断线	通道1异常	通道2异常				
“XXX 链路”SV_退出报警	×	●	×	×	×	是	“XXX 链路”软压板在间隔有流情况下，异常退出，该链路退出失败	检查是否正确退出“XXX 链路”接收软压板	开关有流时，误进行“退 SV 压板”操作，装置报“SV 退出报警”信号。此时应立刻重新投入该压板，否则可能造成保护误动
“XXX 链路”SV_检修投入报警	×	●	×	×	×	是	“XXX 链路”在接收软压板投入情况下，收到检修报文，该通道数据置无效	请检查“XXX 链路”检修压板投入是否正确	
SV_装置时钟同步丢失	×	●	×	×	×	是	组网采样方式下，保护装置失去同步时钟信号，仅采样值组网下，纵差保护无法完成差动功能	检查保护装置同步源信号	
SV_采样绝对同步丢失	×	●	×	×	×	是	组网采样方式下，采样数据无法完成绝对同步下插值，仅采样值组网下，纵差保护无法完成差动功能	检查保护装置同步源信号，MU 的同步源信号	
SV_配置文件出错	×	●	×	×	×	是	SV 配置文件的内容有错误，SV 功能无法正常运行	检查装置的配置文件的格式与匹配性，退出保护	
SV 总告警	×	●	×	×	×	是	所有 SV 链路告警的总“或”，请检查对应单项告警，根据单项告警判断对保护影响	请检查对应单项告警，根据单项告警采取措施	
通信传动报警	×	●	×	×	×	否	进入通信传动的状态，不影响保护功能	长时间不返回时通知厂家处理	
对时异常	×	×	×	×	×	否	对时信号异常，不影响保护功能	检查对时的设置及对时信号的连接情况	

续表

告警报文名称	指示灯					是否闭锁保护功能	含义	处理意见	备注
	运行	报警	TV断线	通道1异常	通道2异常				
长期启动报警	×	●	×	×	×	否	装置一致启动超过50s或上电时就已经处于启动状态，不影响保护功能	检查装置启动的原因	
零序长期启动	×	●	×	×	×	否	零序一直启动超过10s不影响保护功能	检查装置零序启动的原因	
B08开入电源异常	×	●	×	×	×	否	B08开入插件的电源出现异常，不影响保护功能	检查光耦电源是否正常，电源电压等级是否与装置设置一致	
B09开入电源异常	×	●	×	×	×	否	B09开入插件的电源出现异常，不影响保护功能	检查光耦电源是否正常，电源电压等级是否与装置设置一致	
保护TV中性线断线	×	●	×	×	×	否	保护TV中性线回路异常	检查线路TV二次回路	
纵联通道1连接错误	×	●	×	●	●	否	通道1与通道2存在交叉连接，延时100ms发告警信号。不影响保护功能	检查通道1、通道2收、发尾纤是否存在交叉连接	
通道1补偿参数错	×	●	×	×	×	否	装置计算出的电容电流与实际通道1差动电流不符时发告警信号，通道1退出电容电流补偿功能	检查补偿参数定值是否与实际线路匹配	
GOOSE_A（B）网络风暴报警	×	●	×	×	×	否	连续收到两帧内容相同的GOOSE报文，相同帧的后一帧数据被丢弃	请检查GOOSE交换网络或对端装置发送是否正常	
“XXX链路”GOOSE接收A（B）网断链	×	●	×	×	×	否	“XXX链路”A(B)网长时间收不到GOOSE报文，该链路接收异常	请检查GOOSE交换网络与对端装置，查看“XXX链路”情况	
“XXX链路”GOOSE接收配置错误	×	●	×	×	×	否	“XXX链路”收发双方的配置版本、数据集数目、数据类型不匹配，该链路接收异常	请检查“XXX链路”收发双方配置	

续表

告警报文名称	指示灯					是否闭锁保护功能	含　义	处理意见	备注
	运行	报警	TV断线	通道1异常	通道2异常				
GOOSE配置文件出错	×	●	×	×	×	否	STRAP与GOOSE配置文件不匹配或出错，GOOSE功能不能正常运行	请检查相关配置	
GOOSE总告警	×	●	×	×	×	否	所有GOOSE告警信号的“或”，请参看报警分信号说明	请结合具体的GOOSE报警信号处理	

注：“采样通道延时异常”不受SV压板退出控制，当退出SV接收软压板，对应的合并单元如果涉及修改配置导致发送的通道延时改变，保护会报“采样通道延时异常”并闭锁保护。建议合并单元修改延时前提前拔掉至线路保护的直采光纤，待线路保护重启后，再插上直采光纤，重新锁定合并单元新延时，主变压器、母差等保护类似处理。

5.3 GIS组合电器安装异常处理

在某一变电站完成GIS组合电器现场安装、试验后，投运时因接地隔离开关现场安装错误：接地隔离开关应安装在隔离开关靠主变压器侧，实际安装在隔离开关靠母线侧，结果在倒闸操作中因一次接地错误造成绝缘故障跳闸。主接线图如图5-1所示，间隔原形态布置如图5-2所示，整改检修后布置如图5-3所示。

5.3.1 处理步骤

（1）再次检查回收各气室 SF_6 气体压力值，确定无误后进行开盖放电气室。

（2）拆除该间隔DES31上端及水平侧面盖板、十字筒上侧及侧面盖板，确定放电点。注：如有烧损的导体及盆子需进行更换。间隔布置如图5-4所示。

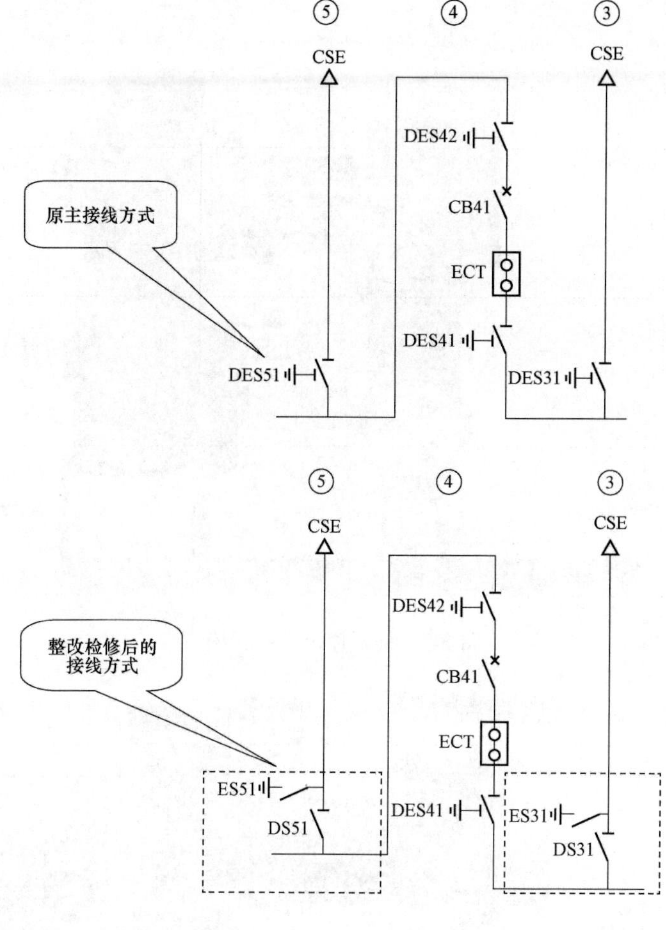

图 5-1　主接线图

（3）拆除 DES31 接地开关静侧与壳体之间固定螺钉，整体拆除接地开关静侧，清理密封面，用新投入盖板密封。拆除 DES31 机构箱内接地开关电机。拆卸示意图如图 5-5 所示。

（4）彻底清理该气室筒内壁、盆子及 DES31 壳体内部。

（5）安装新投入接地开关触头座。安装示意如图 5-6 所示。

（6）安装新投入接地开关 ES31 及机构，将原盖板处该气室 SF_6 密度继电器安装至接地开关壳体处。安装示意如图 5-7 所示。

（7）拆除电缆终端三相侧面手孔盖板，安装带电显示器，安装示意如图

5-8 所示。

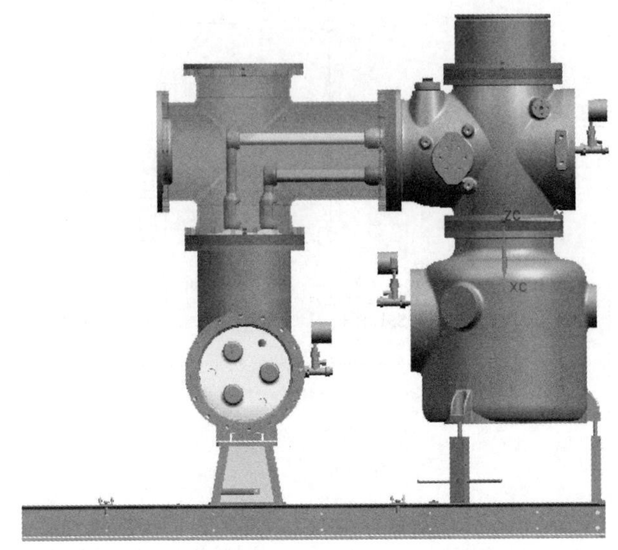

图 5-2　间隔原形态布置图

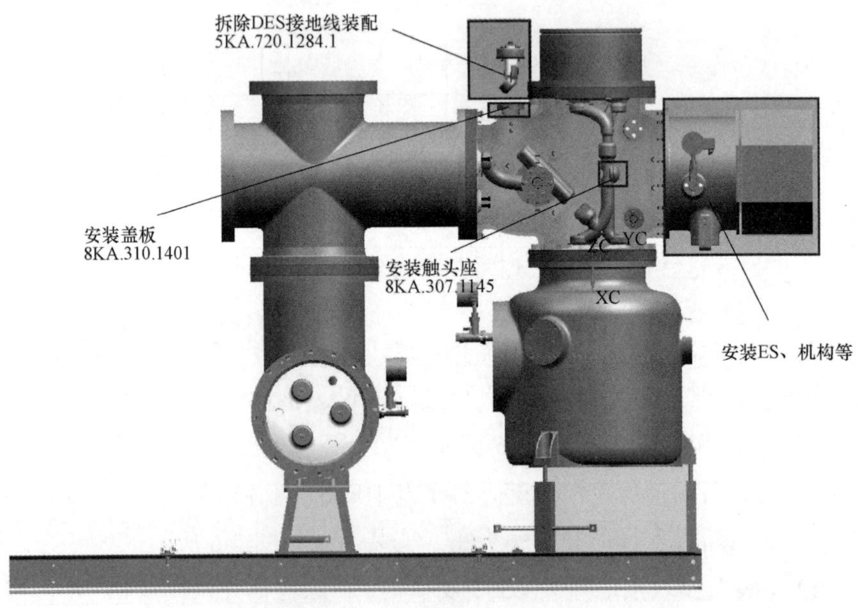

图 5-3　整改检修后布置图

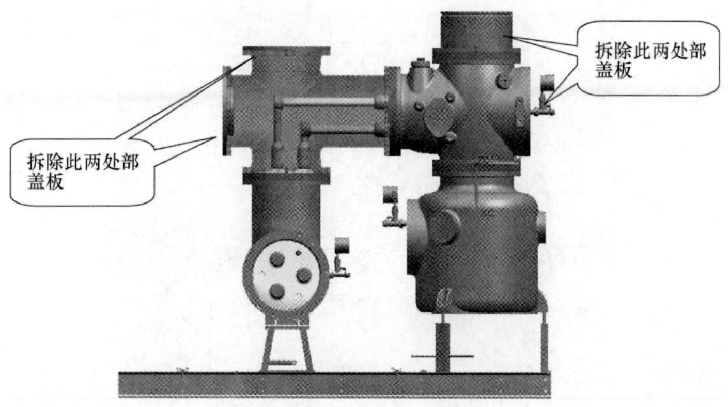

图 5-4　间隔布置图

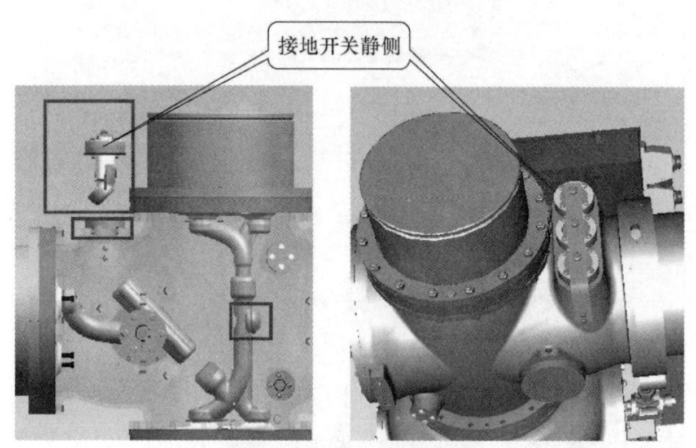

图 5-5　拆卸示意图

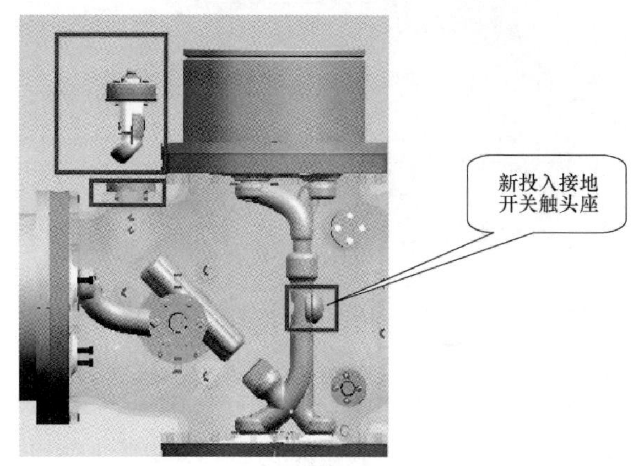

图 5-6　安装示意图

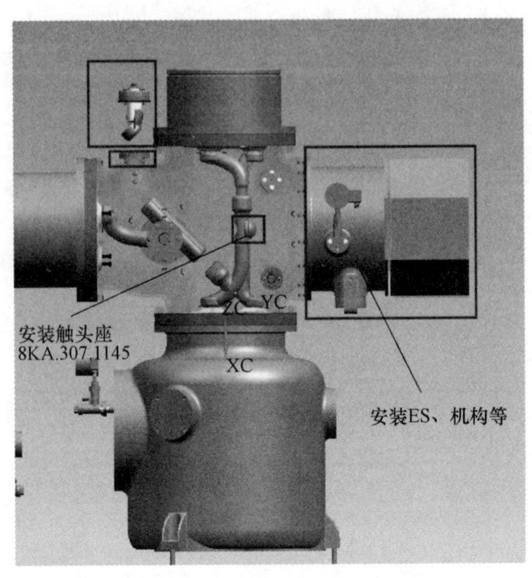

图 5-7　安装示意图

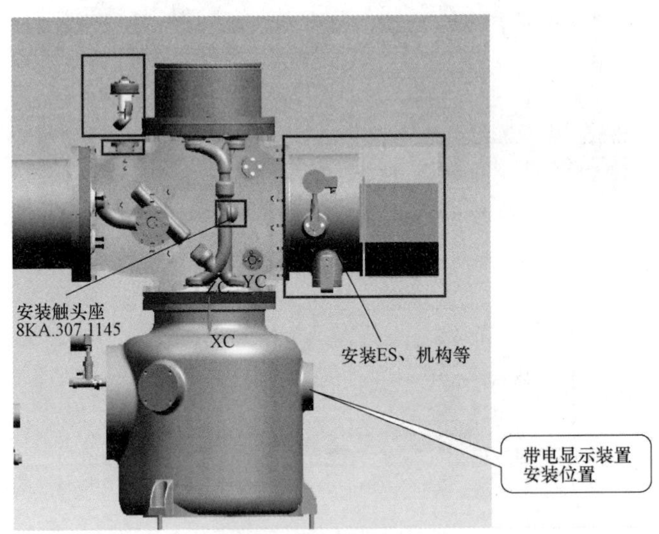

图 5-8　安装示意图

（8）彻底清理该气室，按照拆解反向顺序回装各个拆解单元，更换吸附剂，抽真空，充入合格 SF_6 气体至额定压力。

（9）按照 3 号间隔检修步骤进行 5 号间隔改造检修作业。

（10）检漏、微水试验。

（11）投入运行。

5.3.2 防范措施

由上可见，在 GIS 组合电器完成现场安装后，必须要做主回路电阻试验，通过测量两个接地隔离开关之间的主回路电阻值，将其与出厂试验报告中该两点主回路电阻值比较：一致则说明安装正确，大于或小于出厂试验报告中的主回路电阻值，均说明安装有误。

第6章 运维检修总结与防范

6.1 核对信号点表总结

6.1.1 案例分析

►► **问题描述1**：220kV 杉树变调试人员在核对信号过程中，遇到一个"在线监测装置闭锁和告警"的信号，但是在关掉在线监测装置的电源后，后台并没有收到该信号。

►► **案例分析**：首先"在线监测装置闭锁和告警"指的就是关掉在线监测装置的电源，使在线监测装置（8*n*）失电。但是现在这样做收不到信号，只可能是发送此信号的装置没有接收到该信号，或者接收该信号的链路以及向后台发送的链路出线故障。调试人员认定该信号是由智能终端向上发送的，于是核对智能终端存不存在问题。经排查，后台监视人员收到了该间隔"B套智能终端闭锁"的信号，进一步发现，B套智能终端刚刚做完装置闭锁信号后没有复归，从而影响了"在线监测装置闭锁和告警"信号的接收和发送。

►► **处理方法**：调试人员认为"在线监测装置闭锁和告警"信号是由B套智能终端接收并向后台发出，遂将失电后的智能终端复归。重新拉掉在线监测装置（8*n*）的电源空开，后台出现该信号。因此，调试人员在核对信号过程中，每做完一个信号一定要将该装置复归、信号清除，才能进行下一个信号的核对。

►► **问题描述2**：220kV 杉树变电站调试人员在核对信号过程中，遇到一个"主变压器智能终端闭锁和告警"的信号，但是在关掉主变压器本体智能终端电源后，后台并没有收到该信号。

►► **案例分析**：主变压器本体有两个合并单元，一个智能终端。本体合并单元的闭锁和告警可以通过本体智能终端来发出。但是本体智能终端发生失电情况，闭锁和告警信号怎么发？调试人员首先想到由主变高压侧或者中压侧的智能终端发此信号。经过逐一排查，发现主变中压侧A套智能终端装置电源没有供给，后台监控上存在的主变中压侧A套智能终端闭锁信号确实也还没复归。

►► **处理方法**：调试人员认定主变压器本体智能终端闭锁和告警是由主变压器中压侧A套智能终端发出的。于是在将该装置电源复归后，重新去核对主变压器本体智能终端闭锁和告警信号，问题得到解决。

从上面两个案例可以看出，为节省核对信号时间，提高工作效率，调试人员一定要准确掌握任何一个信号具体由哪一个装置向上发送，并且在做完一个信号后记得在后台监视人员的提醒下及时将信号复归。

6.1.2 总结与思索

我们总结出过程层设备失电告警信号发送的基本原则如下：

（1）220kV区域智能柜里合并单元闭锁和告警是通过本套智能终端发出，一套智能终端的闭锁和告警报送给另一套智能终端，由另一套智能终端发出；Ⅰ、Ⅱ母线TV合并单元闭锁和告警是由自身智能终端发，智能终端闭锁和告警信号是Ⅰ、Ⅱ母线之间相互发。

（2）220kV区域断路器在线监测装置的闭锁和告警是通过它所在的智能柜的B套智能终端发出；110kV区域断路器在线监测装置的闭锁和告警是通过它所在的智能柜的智能终端发出。

（3）110kV区域（包括TV）智能柜里合并单元闭锁和告警是通过本套智能终端发出。分段、Ⅱ母线、连接在Ⅰ母线上的线路的智能终端闭锁和告警是发给Ⅰ母线TV智能柜里的智能终端，再由其向上发送数据；Ⅰ母线、连接在Ⅱ母线上的线路的智能终端闭锁和告警信号是由Ⅱ母线智能终端向上发送。

（4）主变压器本体两个合并单元闭锁和告警是通过本体智能终端发出，本体智能终端闭锁和告警是通过主变压器中压侧的A套智能终端发出。

（5）35kV各间隔装置的失电是通过相邻屏多合一装置发出，包括事故总、控制回路断线、保护跳闸和装置故障、保护告警 5 个信号；融冰间隔的这些信号由公用测控装置发；公用测控装置的测控失电和交换机失电信号发给融冰多合一装置上传。

（6）预置舱内的装置告警和失电中均是通过自身的测控装置发出，测控装置的告警和失电是通过母线测控装置发出。

6.2 TV并列问题调试总结

案例分析

▶▶ **问题描述：**调试人员在做 TV 并列试验时，在母联处于合位的情况下，将母线汇控柜上的并列把手打到Ⅰ母线强制Ⅱ母线，合并单元发“告警”信号。

▶▶ **案例分析：**要弄清楚 TV 并列首先要理解以下两个概念：Ⅰ母线强制Ⅱ母线和Ⅱ母线强制Ⅰ母线。Ⅰ母线强制Ⅱ母线为强制取Ⅱ母线电压，Ⅱ母线强制Ⅰ母线为取Ⅰ母线电压。220kV 杉树变调试人员在母联 600 处于合位的情况下，操作并列把手Ⅰ母线强制Ⅱ母线发出告警信号，只可能是并列的条件不具备。

▶▶ **解决方法：**调试人员分析 TV 并列的原理，并确认Ⅰ母线强制Ⅱ母线成功必须具备两个条件：母联合位和Ⅱ母线 TV 隔离开关 6×24 合位。经过认真排查，发现 6×24 处于分位。并列成功的条件中有一个不满足，延时 30s 合并单元就会报“告警”信号。

同理，Ⅱ母线强制Ⅰ母线成功是母联合位、Ⅰ母线 TV 隔离开关合位两个条件缺一不可。

6.3 “三遥”问题调试总结

6.3.1 遥测问题

▶▶ **问题描述：**220kV 杉树变电站调试人员在做智能站“遥测”功能试

验时，在使A套合并单元断链的前提下，测控装置仍能显示电压电流数值。

▸▸ **案例分析**：以某一线路间隔来讲，测控装置是通过本间隔过程层交换机网采合并单元的电压电流信息的。在A套合并单元组网被破坏的情况下，测控装置仍能正确显示电压电流信息，只可能是采集了B套合并单元的信息。

▸▸ **解决方法**：调试人员将B套合并单元组网的光纤拔掉，测控装置便不能正确显示；将A套合并单元的组网光纤恢复正常，测控装置能够正确显示。调试人员从SCD文件中看出，对于双套配置的过程层网络，合并单元A套和B套均配置了测控装置的电流电压采样。

因此，遥测有双网络可走。正常情况下，遥测装置显示的是合并单元A套的量，而当合并单元A套断链或SV异常，测控装置马上切换到遥测合并单元B。

“遥测”时存在一些特殊情况：

（1）母线测控装置（包括220kV和110kV）均显示第一套合并单元的Ⅰ母线电压和第二套电压合并单元的Ⅱ母线电压。

（2）母联测控装置，显示4个量，正常情况下显示Ⅰ母线电压和判同期的Ⅱ母线A相电压。在A网断链等异常的情况下，马上切换为显示Ⅱ母线电压和判同期的Ⅰ母线A相电压。

6.3.2 “遥控”问题

▸▸ **问题描述1**：220kV杉树变电站调试人员在做220kV线路“遥控”功能时，将B套智能终端的合闸压板和跳闸压板均投入，但是却不能实现“遥合”和“遥跳”。

▸▸ **案例分析**：一般情况下，调试人员可能会认为A、B两套智能终端只要有一套到测控装置的链路是通的，在合闸压板或跳闸压板投入的情况下，就能够实现“遥合”或“遥跳”。但是在B套智能终端的合闸压板和跳闸压板均投入的情况下，却不能实现上述功能。调试人员首先检查了测控装置遥控压板是投入的，于是怀疑“遥控”路径可能没有走B套智能终端。

▸▸ **解决方法**：调试人员将B套智能终端的合闸压板退出，将A套智能终端的合闸压板投入，再进行“遥合”或“遥跳”断路器的试验，能够实现

"遥控"功能。因此，得出以下结论：测控装置"遥控"功能走的是 A 套智能终端，遥控时不仅需要投入测控装置的"遥控压板"，还需要投入 A 套智能终端的"合闸压板"或"跳闸压板"，B 套对此无影响。

▸▸ **问题描述 2**：220kV 杉树变电站调试人员在做智能站"遥控"功能试验时，在使 B 套智能终端组网断链的情况下，测控把手手合断路器仍然能合上。

▸▸ **案例分析**：调试人员将 B 套智能终端组网的光纤拔掉，利用测控把手手合断路器能够合上，说明测控信号走的不是 B 套智能终端，只能走的 A 套智能终端。这说明对于双网络而言，遥控只配置到 A 套智能终端。

▸▸ **解决方法**：调试人员插上 B 套智能终端组网光纤，拔掉 A 套智能终端组网光纤，再进行测控把手手合断路器就不能再合上了。因此，进一步验证了遥控是单网络配置，手合手跳类似于遥合遥跳，走 A 套网络，与 B 套无关。

▸▸ **问题描述 3**：220kV 杉树变电站调试人员在做 35kV 线路多合一装置"遥控"试验时，"测控装置投远方"压板投入，测控远方就地把手拧到"远方"位置，但是却不可远方遥控操作。

▸▸ **案例分析**：调试人员认真排查回路，确保接线没有问题，"遥控"功能无法实现智能从装置本身下手。于是调试人员检查该间隔多合一装置，发现装置中的遥控参数存在一个"本地/远方/可选"控制字，且该控制字置为"0"。调试人员怀疑该控制字为"0"时对应于"本地"，故不能进行远方操作。

▸▸ **解决方法**：调试人员遂将该控制字改为"1"，遥控功能能够实现；即使是将"测控装置投远方"压板退出，遥控功能仍然能够实现。经过不断摸索，调试人员发现遥控参数"本地/远方/可选""测控装置投远方"压板、测控远方就地把手，三者存在一定的配合关系，具体如下：

（1）遥控参数"本地/远方/可选"类似于总开关，该控制字有"0""1""2"3 个选项，分别对应于"本地""远方"、"可选"。

（2）当"本地/远方/可选"置"0"时，只能就地操作，"测控装置投远方"压板和测控远方就地把手起不到控制作用。

（3）当"本地/远方/可选"置"1"时，对应远方操作，"测控装置投远方"压板不起作用，遥控能否实现取决于测控远方就地把手的位置。当该把手处于"远方"位置时可以遥控操作，否则只能就地操作。

（4）当“本地/远方/可选”置“2”时，对应状态“可选”，投远方压板和远方就地操作把手存在逻辑“与”的关系。只有当两者都投远方时，遥控方可实现。

6.3.3 “遥信”问题

►► **问题描述**：220kV 杉树变电站调试人员在验证“遥信”功能时，发现有些信号能够走 A、B 两套，但是有些只配置了一套。

►► **案例分析**：调试人员在验证断路器、隔离开关、接地刀闸等有双点位置的遥信信号时，发现在破坏任一路智能终端组网链路的情况下，均仍能在测控装置上收到这些位置信号；但在验证譬如断路器在线监测、空调温湿度等信号时，只有在 B 套智能终端组网正常的情况下，才能收到上述遥信信号。

►► **解决方法**：调试人员依次破坏智能终端 A、B 组网链路，发现对于断路器、隔离开关、接地刀闸等双点位置遥信来说，测控装置获得信号路径两套完全对称，走 A、B 两套路径；SF_6 低气压闭锁、弹簧未储能、非全相等比较重要的单点遥信，也配置了 A、B 两套网络；但是如 SF_6 报警、断路器和隔离开关内部的机构信号只配置了 A 套；在线监测信号、空调温湿度数值只配置了 B 套。

6.4 防范

6.4.1 重视设计

智能变电站不同于常规变电站，由于其二次系统网络化，智能变电站基本为一项一次成型的工程。设计显得尤为重要。良好的设计可大大减少施工的阻碍。设计时，应召集运维、监控、调度、检修、安装等人员共同探讨各自注意事项及标准。比如此次君山变电站由于各类信号未按照监控要求设计，导致“核对信号”这一项工作耗费大量时间，解决效果也不甚理想。

6.4.2 重视图纸审核

在智能变电站开工前，应进行充分的图纸审核工作，该项工作应由具有熟练的智能变电站安装、检修经验的人员完成。完善的图纸审核可达到事半功倍的效果，比如此次君山智能变电站未拉手跳闭锁重合闸、手跳闭锁备自投的虚端子的遗漏就导致调试人员在现场耗费了大量时间查找原因。

6.4.3 重视入厂监造及联调

对智能变电站设备的入厂监造及联调要充分重视，确保将设备、装置硬件问题及软件缺陷消除在出厂之前。调试人员可借入厂联调之际熟悉具体设备的调试方法及注意事项，这样在变电站现场调试时可大大节约学习与熟悉的时间，下在反映一些入厂监造情况：

（1）验收设备基本上并未完全组装好，厂家只是在当时条件下进行相关设备试验及组装工作，有很多附件因未到货或别的原因，并不能组装，所以给验收人员验收造成验收脱节或有的设备不能验收的情况。如主变压器，散热装置、高压电缆舱当时就未看到，GIS 设备看了部分设备，还有部分设备并未安装。

（2）对验收中存在问题，验收人的员意见不统一，如运行人员有些要求，在检修人员看来可有可无。

（3）监造时发生疑问，有时厂家也不能给出完整解释。

（4）对提出的整改要求，厂家总是答复按要求整改，可是到货时发现并未按要求整改。

6.4.4 调试人员应熟悉调试仪器

智能变电站由于二次系统的改变，其调试方法与常规站有较大区别。在此次君山智能变电站调试过程中，仅装置单体调试就花费了近 10 天，调试过程不顺的绝大多数原因是由于调试人员对测试仪器的使用不熟练，多次试验方式方法错误，导致调试不成功。可见，调试人员对调试仪器的熟悉是非常重要的。

附 录 B

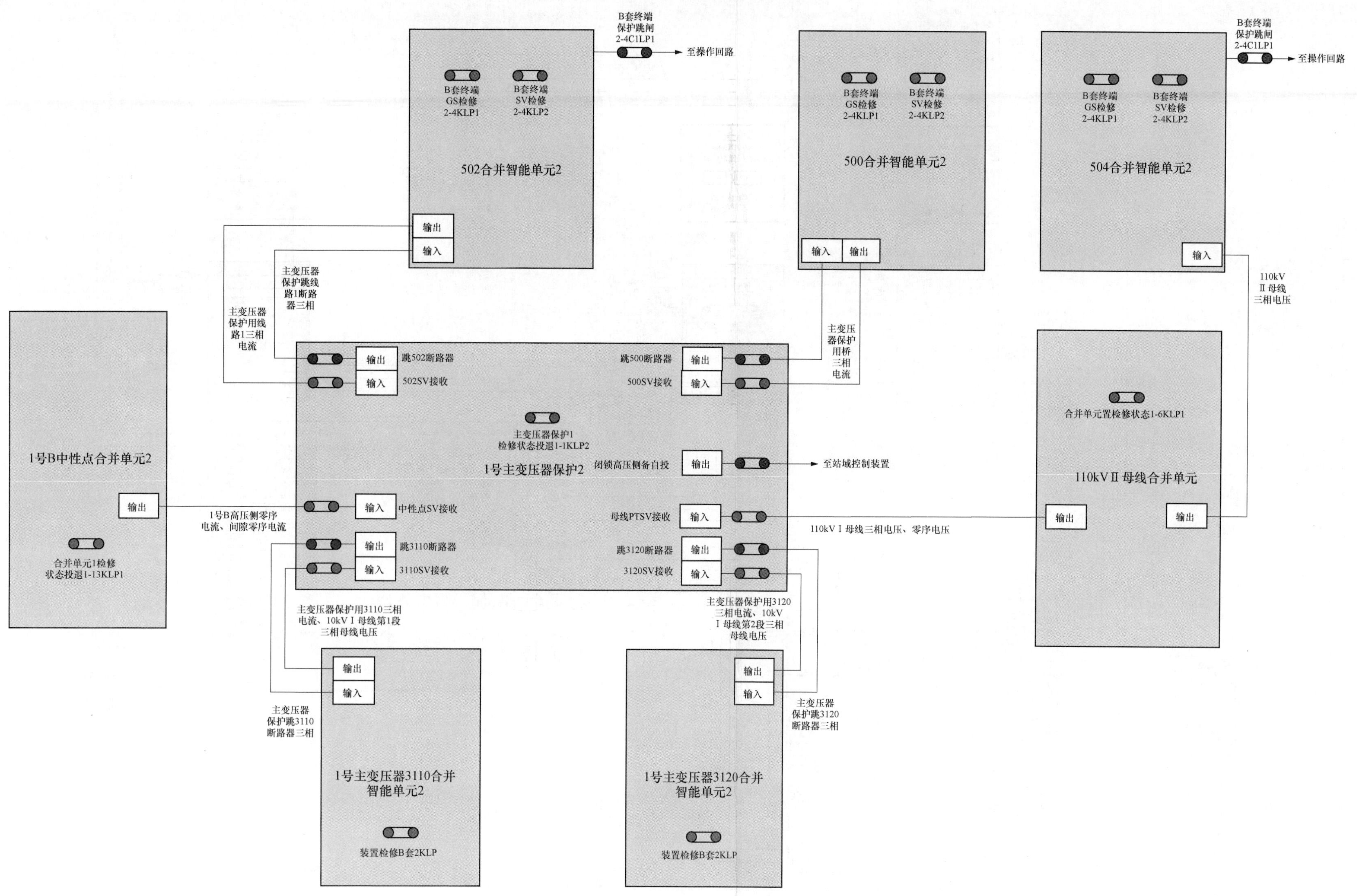

B.1 110kV 君山变电站第二套二次安措可视化展开图

附 录 A

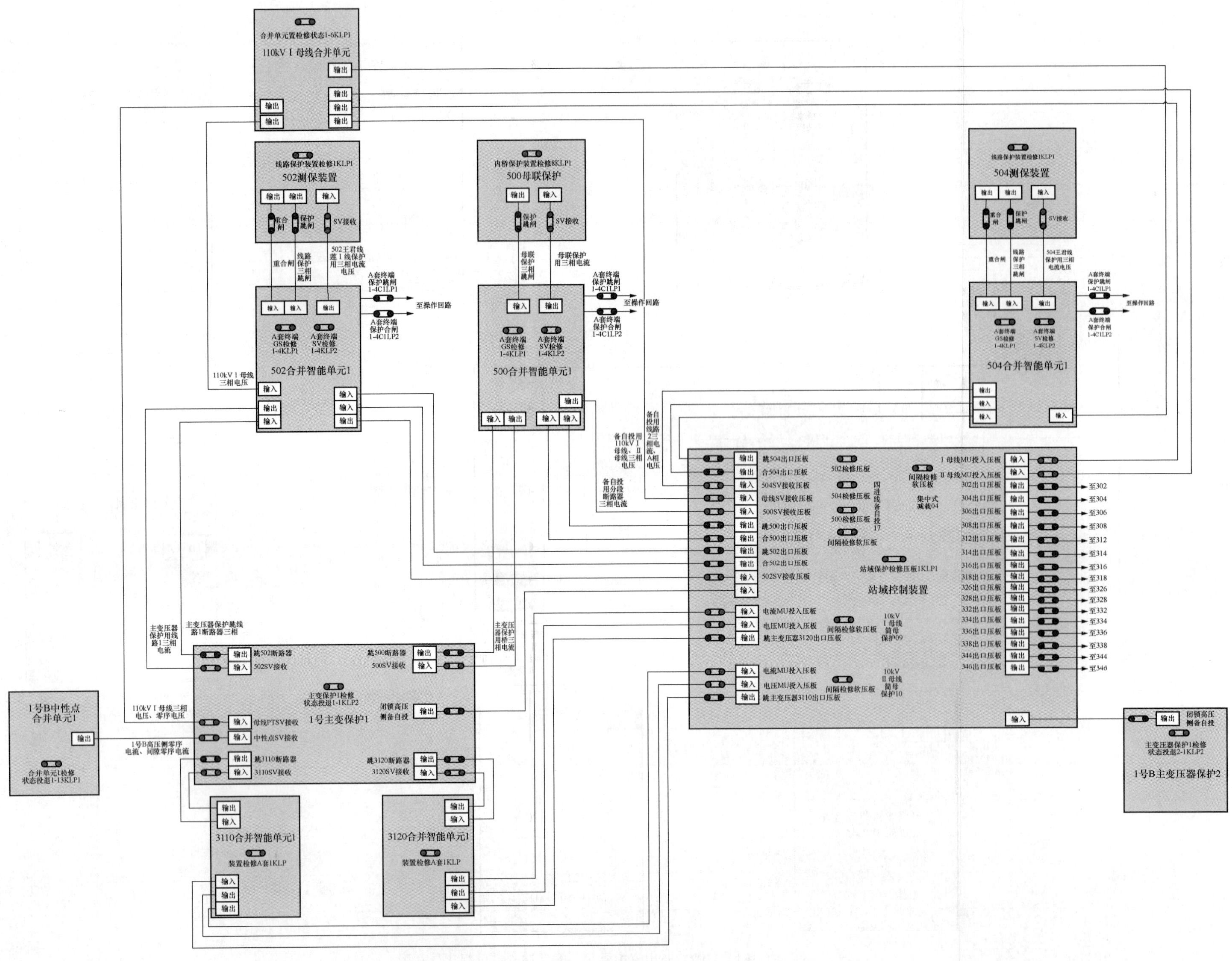

A.1　110kV 君山变电站第一套二次安措可视化展开图

附 录 C

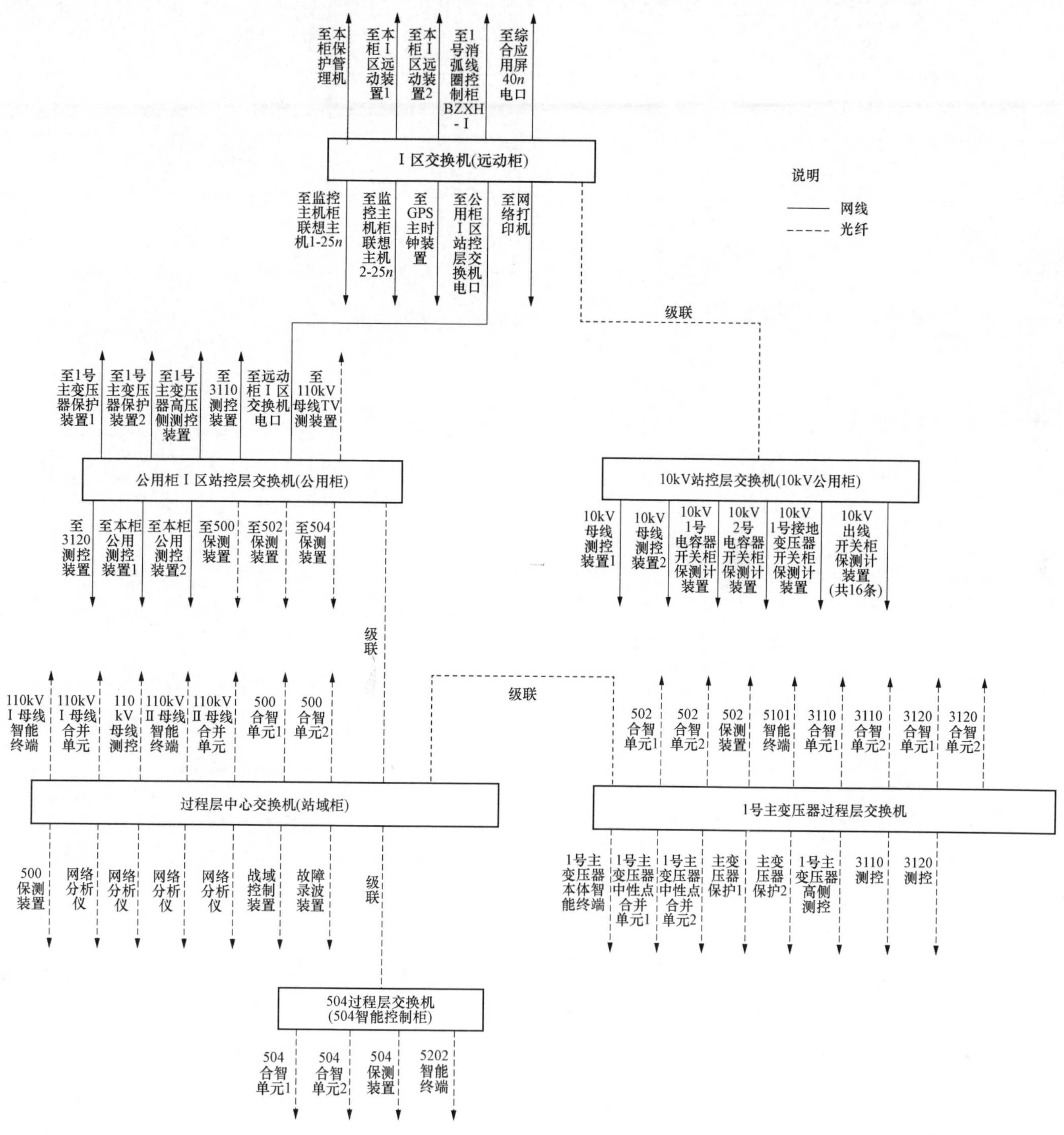

C.1 110kV 君山智能变电站交换机组网

参 考 文 献

[1] 高翔. 数字化变电站应用技术. 北京：中国电力出版社，2008.

[2] 孙鹏，张大国，汪发明等. 智能变电站调试与运行维护. 北京：中国电力出版社，2014.

[3] 武登峰. 智能变电站1000问. 北京：中国电力出版社，2014.

[4] 冯军. 智能变电站原理及测试技术. 北京：中国电力出版社，2011.